자연 산책

지혜로운 식물을
만나는 시간

옮긴이 이상훈
중앙대학교 생명과학과를 졸업한 뒤, 동아시아에서만 살고 있는
모감주나무의 분포를 유전적으로 분석하여 생태학 박사 학위를
받았습니다. 우리나라의 멸종 위기 식물과 희귀 식물에 대해 관심이
많고, 관련된 연구 논문 10여 편을 국내외에 발표하였습니다.

자연 산책 – 지혜로운 식물을 만나는 시간
초판 1쇄 발행 2023년 6월 30일 | 글 조세피나 헵, 비비안 라빈
그림 마리아 호세 아르세 | 옮김 이상훈 | 편집 조승현 | 디자인 반페이지
펴낸이 권종택 | 펴낸곳 (주)보림출판사 | 출판등록 제406-2003-049호
주소 10881 경기도 파주시 광인사길 88
전화 031-955-3456 | 팩스 031-955-3500
홈페이지 www.borimpress.com | 인스타그램 @borimbook
ISBN 978-89-433-1582-5 74480 / 978-89-433-1174-2(세트)

VIAJE NATURAL – PLANTAS
Un encuentro entre arte y ciencia
By Josefina Hepp – Vivian Lavín – María José Arce
©Josefina Hepp ©Vivian Lavín ©María José Arce
Original text copyright 2020
Year of First Edition 2021
©Vuelan las Plumas SpA, Santiago, Chile

Korean translation ©2023 by Borim Press
Korean translation rights are arranged with Vuelan las Plumas SpA through
VLP Agency, Chile and Amo Agency, Korea

이 책의 한국어판 저작권은 AMO 에이전시를 통해
저작권자와 독점 계약 한 보림출판사에 있습니다.
저작권법에 의해 한국 내에서 보호를 받는 저작물이므로
무단 전재와 무단 복제를 금합니다.

⚠주의: 책 모서리가 날카로우니 던지거나 떨어뜨리지
않도록 조심하세요(사용 연령 3세 이상).

자연산책

지혜로운 식물을
만나는 시간

글 조세피나 헵, 비비안 라빈 그림 마리아 호세 아르세 옮김 이상훈

하라이

차례

여행을 시작하며

마거릿 미는 미술 교사이자 열정적인 식물화가로, 47세인 1956년에 처음으로 브라질의 아마존 열대 우림을 모험했습니다. 그녀는 방학 동안 남편과 함께 아마존 열대 우림 깊숙이 여행하며 매우 독특하고 환상적인 식물을 찾아다녔고, 이 식물들을 작업실이 아닌 자연 속에서 그림으로 남겼지요. 마거릿 미는 특히 일 년에 단 한 번 밤에만 짧게 꽃을 피우는 선인장에 마음이 완전히 사로잡혔습니다. 바로 희귀한 '문플라워선인장'에 푹 빠졌지요. 그녀는 캔버스와 붓을 들고 권총으로 무장한 채 가느다란 통나무배 카누를 타고 지난 30년간 브라질의 녹색 심장부로 15번이나 여행했습니다. 1988년 5월, 그녀는 79세의 나이에 몇몇 사람들과 함께 마지막 아마존 열대 우림 여행을 떠났지요. 그리고 일기에 이렇게 썼습니다.

"첫날 밤에 우리는 황홀하도록 아름다운 호수 옆 나무에 해먹을 걸었다. 나는 숲에서 들려오는 마법의 소리를 듣느라 잠을 잘 수 없었다. 나무들만 고요할 뿐 반짝거리며 첨벙대는 물고기, 밤새의 애처로운 노랫소리와 개구리들의 합창이 뒤섞인 호수는 활기찼다."

보름달이 밝게 빛나는 어느 밤, 아마존 숲은 고요했습니다. 마거릿 미는 어둠에 잠긴 채 배 위에서 위태롭게 균형을 잡으며 두 시간이 넘게 기다리고 있었지요. 눈앞의 문플라워선인장을 바라보면서요.
갑자기 꽃봉오리가 살짝 움직이기 시작하더니 달빛 아래에서 춤을 추듯 돌며 감춰진 꽃잎을 펼쳤고 달콤한 향기를 내뿜었습니다. 그 특별한 밤, 마거릿 미는 쉬지 않고 그림을 그려 환상적인 꽃의 비밀을 사람들에게 보여 주었습니다.
마거릿 미는 희귀 식물의 꽃을 그림으로 기록한 식물 예술가로 몇 종류의 새로운 식물을 발견했으며, 매우 다양한 식물이 사는 곳 중 하나인 아마존 열대 우림의 아름다움에 눈뜨게 했습니다. 그녀는 아마존 분지를 사랑했고, 브라질과 지구 환경을 지키고자 평생을 헌신적으로 노력했던 환경 보호가였습니다.

마거릿 미(Margaret Mee)

19세기 중반에 살았던, 영국의 박물학자이자 예술가인
메리앤 노스는 희귀하고 독특한 식물을 기록하기 위해 세계를
여행했습니다. 메리앤 노스는 영국 빅토리아 시대의 전형적인
귀족 여성과 달리 자연과 만나는 삶에 열정을 바치며 자연을
캔버스에 담았습니다. 다채롭고 생동감 있는 붓 터치는 그녀의
그림을 당시의 다른 식물 예술 작품과 두드러지게 달라 보이게
했기 때문에, 그림이 너무 감성적이고 비과학적이라는 비난도
받았지요. 하지만 런던 상류층의 뒷담화나 화려한 치마 따위는
메리앤 노스가 자기만큼이나 독특한 '고산푸야'를 찾는 여행을
멈추게 할 수 없었습니다. 해발 2,000미터가 넘는 남아메리카
안데스산맥에서 메리앤 노스는 노새를 타고 푸야의 변화무쌍한
개화를 관찰하고 그리는 데 성공했습니다. 아름다운 청록빛
푸야꽃의 개화 그림은 메리앤 노스의 놀라운 작품 수천 점과
더불어 세계적 명성의 영국 큐 왕립 식물원에 보관되었고,
지금도 메리앤 노스가 선택한 위치에 전시되어 있습니다.

메리앤 노스(Marianne North)

식물의 세계는 흥미롭고 다채로워서 긴 여행을 떠날만한
가치가 있습니다. 이 여행은 아주 오래전에 식량과
은신처를 찾아 떠난 최초의 사람들로부터 시작된 것으로,
수천 년 전 최초의 탐험가들이 식물의 자취를 따라가며 먹거리와
향신료를 얻고, 질병을 치료하고, 또는 단순히 식물의 아름다움에
감탄한 것과 같은 것입니다.
이 식물들은 대부분 과학자와 박물학자의 서류철과 일지 속에
기록되고 학술 기관과 표본실에 보관되었습니다. 그리고 식물과
함께 살아가고 식물을 활용하는 방법 등의 지식은 사람들
사이에서 말로 전해 내려왔지요. 많은 식물이 지금까지도 사람들의
삶 속에서 음식, 의약품, 의복, 물건, 염료 등으로 존재합니다.
이 책은 2019년에 시작된 코로나바이러스 감염증이 세계적으로
대유행하던 중에 완성되었습니다. 인구 밀도가 높은 도시에 사는
사람들은 발코니와 정원, 들판, 산, 열대 우림 등의 식물을 통해
원시 지구 때부터 지금까지 자연이 어떻게 유지되어 왔는지
관찰할 필요가 있습니다.
코로나바이러스 때문에 갇혀 지내지만 식물학자, 저널리스트,
일러스트레이터인 우리 셋은 자연 여행을 계속하기로 했습니다.
이것은 우리의 인생에서 가장 눈부시고 즐거운 경험이 되었지요.
우리는 자연에 대한 감수성과 환경 의식이 있는 다른 여성들의
여행을 통해 영감과 활력을 얻었습니다.

아름다움은 즐겁고, 식물 그림은 식물의 아름다움을 통해
즐겁게 식물의 세계로 들어가게 도와주는 예술 작품입니다.
식물학자와 연구자에게는 식물 그림 자체가 어떤 장치로도
재현할 수 없는 미묘하고 정확하게 표현된 과학적 기록이기도
하지요. 따라서 식물의 삶을 스케치하고 그리는 것은 과거 일부
사람들이 주장한 것처럼 단순히 감성적인 행위가 아닙니다.
이 책에 나오는 식물 그림은 모두 수채화입니다. 수채화는
곤충, 식물, 광물, 흙 등 자연에서 얻은 재료로 만든 물감을
물에 풀어서 그리는 아주 오래된 기법이지요. 수채화는 다채로운
붓놀림으로 물감을 여러 겹 덧칠해 점진적으로 깊이와 부피를
나타내는 느리고 섬세한 방법입니다. 이것은 식물 표본 그림을
새로워 보이게 하고 더 오래 유지되게 하지요.
완벽한 색을 찾는 노력은 끝이 없습니다. 캔버스 더미 위에서
얼룩들이 무한한 축제를 벌였지요. 색을 탐구하는 길은 힘들지만,
즐겁고 차분하게 여행하기 위해서는 모든 색의 기본이 되는
세 가지 색에서 출발해야 합니다. 선택된 세 가지 색은 남색,
자홍색(자줏빛을 띤 붉은색), 노란색으로, 섞으면 셀 수 없이
다양한 색이 나타나지요. 그림에 쓰인 유채색 계열은 이 세 가지
주요 색으로 이루어지며, 식물마다 다른 색이 강조되었습니다.
우리는 식물의 색에 완전히 매료되어 색이 꽃가루 운반자를
유혹하기 위한 것인지, 생명체를 위해 빛을 영양소로 변환시키기
위한 것인지 등의 역할에 신경 쓰지 않게 되었습니다. 색의 대비,
질감 등과 같은 심미적인 특징이 식물의 원래 모습이었던 것입니다.
이것은 마치 누군가가 '아름다움'과 '관대함'이라는 말에 관한 꿈을
꾼 뒤, 손에 씨앗을 쥐고 깨어나는 것과 같습니다.

**"우리에게 벌어지는 일이 꽃에도 같은 식으로 벌어지고 있다고
분명히 말할 수 있다. 꽃은 우리와 똑같이 어둠 속에서 꿈틀거리고,
미지의 세계에서 장애물과 적대감을 마주친다. 또한 똑같은 법칙과
똑같은 좌절, 똑같이 느리고 어려운 승리를 겪는다. 꽃은 마치
우리의 인내와 끈기, 자기애를 고스란히 가지고 있으며, 우리처럼
정교하게 조정되고 다각적인 지능을 지닌 채 거의 동일한 수준의
희망과 이상을 좇는 것 같다."**

이 말은 벨기에의 극작가이자 시인인 모리스 마테를링크가
100여 년 전에 표현한 것이지만 지금도 여전히 의미가 있습니다.
우리는 이 책을 통해 예술과 과학 사이의 케케묵은 긴장을 풀고,
자연의 모습과 색에 대한 놀라움을 통해 자연에 좀 더 다가가고자
합니다. 물론 자연을 배우고 기후 위기 속에서 자연의 부름에
귀 기울이는 것이 우리 임무라는 것을 잊지 않으면서 말이지요.

**"우리의 부주의하고 파괴적인 행동은 지구의 거대한 순환 안에서
시간이 지남에 따라 우리 자신에게 위험으로 돌아온다."**

1960년대에 미국 의회에서 생물학자 레이철 카슨이 경고한
말입니다. 그녀는 감정적이고 히스테리적인 작가라는 낙인이

레이철 카슨(Rachel Carson)

찍혔지만, 함부로 쓴 살충제로 인한 생물계의 파괴를 고발한
『침묵의 봄』을 출판하면서 20세기 자연 관련 도서의 첫 번째
베스트셀러 작가가 되었지요. '살충제'라는 물질을 사용하는
인류의 도덕적 위기에 대항하는 레이첼 카슨의 윤리적 헌신은
환경주의의 기초가 되었습니다. 레이첼 카슨은 인류의 건강과
관련하여 합성 살충제 및 모든 식품 생산용 화학 물질에 대해
연구하다 겨우 56세의 나이에 암으로 세상을 떠났습니다.

환경철학자이자 에코페미니스트이면서 작가인, 인도의 반다나
시바처럼 용감하고 자애로운 여성들은 더 깊이 자연 여행을
했습니다. 반다나 시바는 1991년에 '나브다냐'를 세웠습니다.
나브다냐는 인도어로 '아홉 개의 씨앗'이란 뜻을 가진 단체로
유전자 변형 작물(GMO) 산업으로 인해 위태로워진 작물을
보호하고 보존하기 위해 뜻을 같이하는 생태학자와 농부로
구성된 인도의 단체입니다.

반다나 시바(Vandana Shiva)

"씨앗은 생명이고, 생명은 자유입니다."

1993년에 제2의 노벨상으로 불리는 '바른생활상'을 받은
반다나 시바가 한 말입니다. 그녀는 다음 말을 덧붙였습니다.

**"에코페미니즘은 생명이 지구에서 오고, 여성이 생명을
유지한다는 걸 받아들이는 것입니다. 어머니 지구의 힘이
기후 변화로부터 우리를 구할 수 있는 것처럼, 힘을 가진 것은
여성이기 때문에 지금의 위기에서 우리를 구해 내는 것 역시
여성일 것입니다."**

칠레의 인류학자이자 민족 식물학자인 히메나 헤레스는
몬테 베르데 유적지에서 아메리카 대륙에 살았던 가장 오래된
인류를 연구하고 있습니다. 이곳은 18,000년 전에 이미 식물을
약으로 사용한 인류가 살았던 곳이지요.

**"식물을 안다는 것은 모양, 서식지, 색깔, 그리고
주위 환경에 미치는 영향을 주의 깊게 관찰하는 것이다."**

히메나 헤레스는 남쪽 세계에서 식물에 대한 선조들의 지식과
문화적 상징을 수집하는 데 초점을 맞췄습니다. 따라서 우리의
자연 여행은 약초로서 혹은 문화로서의 식물에 대한 내용을
포함하여 우리가 잊지 않고 보존하고자 하는 고대의 지혜와
지식을 현재와 연결했습니다. 이것은 식물에 바치는 자연 여행을
통해 우리가 발견하게 될 배움과 관점입니다.

'여행자들'은 싹 터 자란 곳이 아닌 다른 곳에서 싹이 트는 식물을
말합니다. 이 식물들은 씨앗을 고향에서 탈출시키려고, 씨앗을
비행 물체나 탄도체로 만들기도 하고 움직이는 다른 생명체에
붙이기도 합니다.

식물의 아름다움이 순수하기만 한 건 아닙니다. 오히려 동물과
사람을 죽게 만들기도 하지요. 식물은 아름다움으로 동물에게
먹지 말라고 경고하지만, 사람들은 자기 정원에 이런 위험한
식물이 있다는 사실을 잘 모릅니다. 이렇게 세심한 주의를
기울여야만 하는 식물을 우리는 '위험한 자들'이라고 부릅니다.
어떤 식물들은 진정한 흉내의 달인입니다. 꽃가루 운반자들이
짝짓기를 할 수 있을 거라 믿게 만들고, 적을 속이기 위해
다른 존재인 척 꾸미기도 합니다. 이 식물들은 '사기꾼들'입니다.
'반항아들'은 천재적으로 완벽한 구조를 만드는 식물입니다.
땅에 붙어 있지 않고 새처럼 공중에 머물거나 죽은 척하며
비를 기다리지요. 어떤 식물은 싸우기 좋아해서 다른 식물의
공간에 침범하는 것을 목표로 하기도 합니다.
식물의 지능은 자신이 땅에 뿌리박혀 있음을 의식합니다. 그래서
일부 식물은 영양분을 확보하고 자손을 퍼뜨리기 위해 향기,
색깔, 모양, 심지어 공격적인 움직임을 개발하기도 했습니다.
이런 식물들을 '굶주린 자들'이라고 부릅니다.
마지막으로 '화려한 자들'은 존재만으로도 우리를 황홀하게 하고
현혹하는 식물입니다.

마리아 그레이엄(Maria Graham)

"나는 식물을 정말 좋아하는데 식물학에 대해 아는 것이
너무 적은 것이 슬프다. 나는 식물의 습성이나 서식지,
용도에 대해서 관심이 많다. 그런데 내 생각에는
식물학적인 명명법이 사람들이 식물에 대해 제대로 알 수
없도록 방해하는 것 같다. 장미, 재스민, 제비꽃처럼
아름다운 식물들이 잘 모르겠는 단어로 이루어진 학명과
무슨 상관이 있단 말인가?"

19세기에 남아메리카를 방문한, 영국의 작가이자 뛰어난
일러스트레이터인 마리아 그레이엄은 사람들이 알고는 있지만
겉으로 드러내지 않는 바에 대해 솔직히 토로했습니다. 식물의
명칭과 분류 단계를 이해하는 것에 대한 어려움 말입니다.

이 책에서 우리는 식물에 대한 순수한 사랑을 과학적으로
접근했습니다. 만약 특정 식물에 매료되었다면 더 연구하고
학습할 수도 있게 했지요. 이를 위해 우리의 여행이 끝났을 때,
각각의 식물에 대한 그림과 함께 과학적 자료, 참고 문헌 목록,
그리고 식물의 주요 서식지를 표시한 지도를 덧붙였습니다.
식물의 지능은 서로를 존중하고 공존하는 방법을 이해했습니다.
이 책은 인류가 이런 이해로부터 배울 수 있다는 가능성을
제시하고자 합니다. 우리는 여러분이 이 책을 통해 손안의
자연 여행을 즐기길 바랍니다.

여성, 그리고 여성의
땅에 대한 애착:
남성은 땅에 대한 감각을
쉽게 잃어버리는 것과 달리
여성은 땅에 충실하여,
거리감과
지나간 세월에도 불구하고
우리의 토착 유산을
깊어지게 하는 것 같다.

가브리엘라 미스트랄
(1945년에 노벨 문학상을 받은 칠레의 시인)

이끄는 자들과
다리나 날개 없이도 움직이는 자들

여행자들

이끄는 자들과
다리나 날개 없이도 움직이는 자들

거의 두 시간을 기다렸지만,
꽃봉오리는 아무 변화가 없었다.
어두운 밤, 물에 잠긴 숲은
개구리 울음소리와
숲을 배회하는 동물들이
이따금 내는 으르렁 소리와
휘파람 소리를 빼고는 고요했다.
숲의 희미한 윤곽 속에서
꽃봉오리가 움직이기 시작하자
나는 넋을 잃었다.
첫 번째 꽃잎이 움직이자
꽃봉오리가 터지고
이어서 또 다른 꽃잎이
움직이기 시작했다.
꽃은 아주 빠르게 활짝 피었다.

마거릿 미

만약 식물은 영원히 한곳에서만
살 운명이라고 생각한다면
크게 착각하는 것입니다.

식물은 다리나 날개가 없습니다. 대신 여행하기 알맞은 특별한
장치나 다른 것들과 함께 여행할 수 있는 장치를 가지고 있지요.
열매가 바로 그 중요한 장치입니다. 씨앗은 싹을 틔우고 잘 자랄
수 있는 곳이면 열매를 통해 어디든 이동하지요.
게으름 때문인지 사랑 때문인지는 알 수 없지만, 어떤 씨앗은
어미 식물과 함께 머물려는 듯 매우 가까이에서 싹을 틔웁니다.
어떤 씨앗은 어미 식물로부터 독립해 새로운 곳으로 가지만
너무 멀리 떨어지지 않고, 이웃한 곳에 자리 잡습니다. 마치
모두에게 한 가족이라고 알리는 것처럼 말입니다.
그런데 바람의 기운을 품고 태어나 긴 여행을 떠나는 씨앗도
있습니다. 이 씨앗 가운데 잘 견뎌낸 것은 새로운 땅 위에
자리 잡고 새로운 식물 군집을 이루지요.
씨앗은 땅 위에서, 물을 통해, 공기를 통해, 몰래 또는 혼자서,
끊임없이 그리고 매우 창의적으로 이동합니다. 씨앗이 다양한
방법으로 이동하는 것은 그들이 사는 환경과 아직 차지하지
못한 환경이 다양하기 때문이지요.
씨앗의 놀라운 여행 전략은 사람들이 보고 배우기도 했습니다.
사람들은 지구를 이해하고, 지구 위에서 살아가려고 긴 여행을
떠나기 때문이지요.
여행하는 씨앗은 고대 그리스 철학자 아리스토텔레스가 세운
'소요학파'와 비슷합니다. 소요는 자유롭게 이리저리 슬슬 거닐며
돌아다니는 것을 뜻하는데, 아리스토텔레스가 학원 안의
나무 사이를 산책하며 제자들을 가르쳤기 때문에 소요학파라고
불렀답니다.
또한 씨앗은 역사 속의 위대한 보행자인 '차스퀴'를 통해
여행했습니다. 차스퀴는 잉카 제국 전체를 누비며 소식과 선물을
전달하던 파발꾼으로, 분명히 가방과 주머니 안에 씨앗을 가지고
다니며 교환했을 테니까요.
소요학파든 차스퀴든, 사람들은 다양한 목적으로 식물을 소중히
여겼고, 식물에 대해 모르는 삶은 상상할 수 없었기 때문에 식물은
모두에게 영감을 주었습니다. 더불어 식물 세계를 탐험하고,
만나고, 알고자 하는 열정과 열망은 이 책 곳곳에 생명력을
불어넣었습니다.

서양민들레
Taraxacum officinale

민들레는 뿌리와 잎을 먹을 수도 있고, 꿀도 얻을
수 있고, 여러 면에서 쓸모가 많습니다. 그러나
민들레는 소원을 비는 꽃으로 더 잘 알려졌지요.
솜털 공처럼 보송보송한 민들레 열매에 입김을 불며
소원을 빌면 갓털이 달린 민들레 씨앗이 소원을
담고 훨훨 날아간답니다. 우리에게 언제든 소원을
빌 수 있다고 알려 주듯이 민들레는 어디에서나
볼 수 있지요. 민들레가 어디에나 있는 것은 씨앗을
멀리 퍼뜨리는 능력이 뛰어나기 때문입니다.
민들레 씨앗에는 솜털처럼 생긴 갓털이 붙어 있어서
바람이 불면 공중으로 날아올라 바람을 타고
멀리까지 갈 수 있지요. 민들레 열매와 씨앗은
아주 단순하지만, 그림으로 표현하기는 힘듭니다.
보송보송한 은빛 솜털 느낌과 씨앗의 가벼움과
섬세함을 표현하는 게 몹시 어렵답니다.

금영화

Eschscholzia californica

금영화 씨앗이 어떻게 이동했는지는 여러 가지
이야기가 있습니다. 금영화의 작은 씨앗이 밀과 다른
곡물 사이에 섞여 눈에 띄지 않게 여행했다고도
하고, 미국인이 칠레의 기찻길을 따라 금영화 씨앗을
뿌렸다고도 하고, 금영화의 뿌리가 철로 옆의 땅을
단단하게 만들 거라는 걸 알고 일부러 심었다고도
합니다. 금영화는 봄의 시작을 알리는 꽃입니다.
꽃잎은 인디언 옐로라 불리는 짙은 노란 빛깔이고,
꽃잎이 낮에 열리고 밤에 닫히는 모습이 마치
태양을 숭배하며 춤추는 것처럼 보인답니다.

스카이탄투스 아쿠투스

Skytanthus acutus

스카이탄투스 아쿠투스는 씨앗이 들어 있는
꼬투리가 다 익으면 '염소 뿔'처럼 돌돌 말립니다.
염소 뿔 모양 꼬투리는 다른 식물에 걸리거나
씨앗이 싹 틀 장소를 찾을 때까지 바람을 타고
이리저리 굴러다니지요.
우리는 유연한 녹색 꼬투리가 조금씩 굳어지면서
불그스레한 색을 띠게 되고, 사막에 버려진
갈색 뿔 화석처럼 변하는 것에 매료되었습니다.
갈색 꼬투리는 겉모습이 무생물처럼 보이지만,
안에는 거대한 생명력이 담겨 있으며 지구상에서
가장 건조한 칠레의 아타카마 사막을 가로지르며
씨앗을 퍼뜨린답니다.

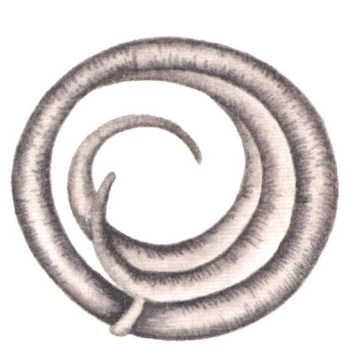

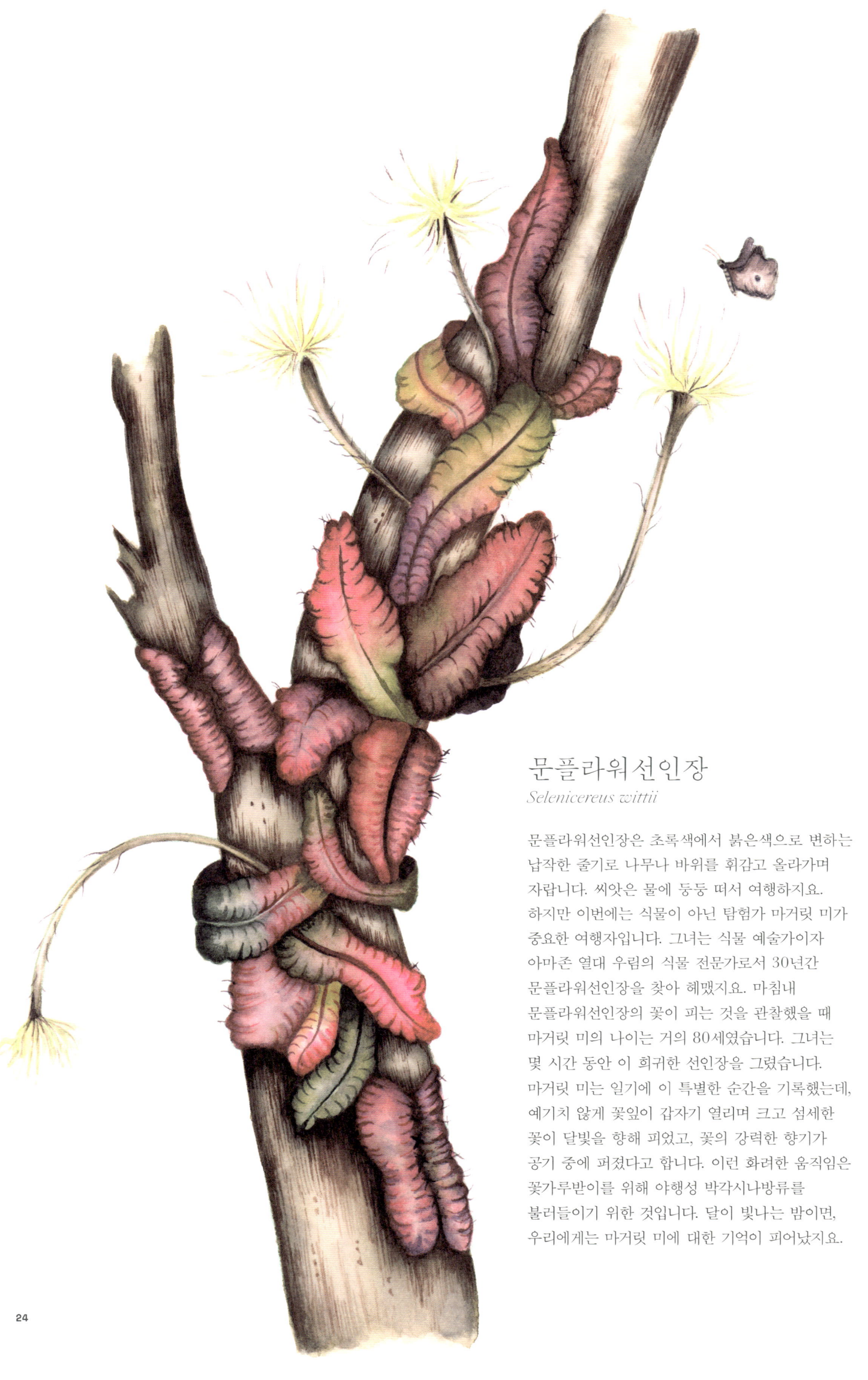

문플라워선인장

Selenicereus wittii

문플라워선인장은 초록색에서 붉은색으로 변하는
납작한 줄기로 나무나 바위를 휘감고 올라가며
자랍니다. 씨앗은 물에 둥둥 떠서 여행하지요.
하지만 이번에는 식물이 아닌 탐험가 마거릿 미가
중요한 여행자입니다. 그녀는 식물 예술가이자
아마존 열대 우림의 식물 전문가로서 30년간
문플라워선인장을 찾아 헤맸지요. 마침내
문플라워선인장의 꽃이 피는 것을 관찰했을 때
마거릿 미의 나이는 거의 80세였습니다. 그녀는
몇 시간 동안 이 희귀한 선인장을 그렸습니다.
마거릿 미는 일기에 이 특별한 순간을 기록했는데,
예기치 않게 꽃잎이 갑자기 열리며 크고 섬세한
꽃이 달빛을 향해 피었고, 꽃의 강력한 향기가
공기 중에 퍼졌다고 합니다. 이런 화려한 움직임은
꽃가루받이를 위해 야행성 박각시나방류를
불러들이기 위한 것입니다. 달이 빛나는 밤이면,
우리에게는 마거릿 미에 대한 기억이 피어났지요.

사리풀
Hyoscyamus niger

사리풀의 꽃은 핏줄처럼 섬세하게 얽힌 자주색
맥을 가지고 있어서 매우 독특해 보입니다. 씨앗은
열매껍질이 말라서 쪼개지면 밖으로 튕겨 나오지요.
사리풀에 대한 이야기와 전설은 고대 그리스부터
중세의 마녀에 이르기까지 수 세기 동안 이어져
왔습니다. 사리풀에는 하늘을 나는 듯한 환각에
빠지게 하는 마약 성분이 들어 있기 때문이지요.
사리풀은 가지과의 다른 식물과 마찬가지로
'스코폴라민'이라는 물질을 가지고 있어서
멀미로 인한 어지러움과 메스꺼움을 예방하고
치료할 수도 있습니다. 하지만 사리풀은 언제나
전문가의 지시에 따라 매우 적은 양을 써야 합니다.
그렇지 않으면 정신 이상 같은 심각한 부작용을
일으키고 심지어 죽을 수도 있습니다.

여행하는 씨앗
또는 씨앗을 퍼뜨리는 방법

스스로 또는 다른 개체의 도움을 받아 이동하는 식물들이 있습니다.
이 식물들은 서로 다른 전략을 쓰지만,
모두 멀리까지 이동하는 것이 가장 중요한 목표입니다.

1. 야생블랙베리
   Rubus ulmifolius

2. 스카이탄투스 아쿠투스
   Skytanthus acutus

3. 서양민들레
   Taraxacum officinale

4. 타원잎아카이나
   Acaena ovalifolia

5. 플라타너스단풍
   Acer pseudoplatanus

1.

야생블랙베리

새를 비롯한 많은 동물은 살아가기 위해 식물을 먹습니다. 따라서 씨앗은 동물과 함께 여행을 시작하지요. 동물이 열매를 먹고 배 속에서 소화하는 동안, 단단한 씨앗은 소화되지 않고 똥과 함께 밖으로 나옵니다. 이렇게 동물이 돌아다니며 똥을 누는 사이에 씨앗은 여기저기로 퍼져 싹 틀 준비를 하지요. 어떤 열매는 눈에 띄는 색으로 동물에게 자신이 맛있게 익었다는 신호를 보내기도 합니다. 야생블랙베리 열매는 강렬하고 짙은 자주색으로 자신이 최고로 맛있는 때라는 걸 알려 주지요.

2.

스카이탄투스 아쿠투스

스카이탄투스 아쿠투스는 씨앗이 바람의 힘을 이용해 여행합니다. 도르르 말린 꼬투리가 바람을 타고 날거나 바람결에 이리저리 굴러다니며 씨앗을 흩뿌리지요.

3.

서양민들레

서양민들레는 바람을 두려워하지 않습니다. 갓털 달린 씨앗이 싹 틔울 곳을 찾을 때까지 바람이 멀리멀리 여행시켜 줄 걸 알고 있기 때문이지요.

4.

타원잎아카이나

'거지의 단추'라고도 부르는 타원잎아카이나는 영리한 전략가입니다. 씨앗이 동물 털이나 사람의 옷 등에 붙어 여행합니다. 씨앗이 들어 있는 열매가 화살촉 모양의 가시로 덮여 있어 털에 잘 달라붙지요.

5.

플라타너스단풍

플라타너스단풍은 열매껍질이 날개처럼 변했습니다. 그래서 플라타너스단풍 씨앗은 헬리콥터의 회전 날개나 빙빙 돌며 춤을 추는 무용수처럼 빙글빙글 돌며 바람을 타고 멀리 날아갑니다.

6.

바다콩

배를 타고 바다 위를 둥둥 떠다니는 것은 사람만 할 수 있는 일이 아닙니다. 씨앗은 오래전부터 물 위에 둥둥 떠서 흐르는 물을 타고 아주 멀리까지 여행해 왔지요. '바다콩' 또는 '바다의 심장', '원숭이 사다리'라고 불리는 이 식물은 길이가 2미터쯤 되는 세상에서 가장 큰 꼬투리를 가지고 있습니다. 꼬투리 안에는 하트 모양의 커다란 씨앗이 들어 있는데, 씨앗은 속이 공기로 차 있어 물에 뜨지요. 씨앗 자체가 바닷물의 흐름을 따라 자연이 정한 새로운 장소로 이동하는 훌륭한 배인 셈입니다.

7.

스쿼팅오이

아주 무거운 별이 수명을 다하면 엄청나게 밝게 빛나며 폭발합니다. 이것을 '초신성'이라고 하지요. 초신성 폭발이 일어나면 무수히 많은 입자가 우주에 흩뿌려집니다. 이 입자들은 어린 별과 행성 그리고 생명체를 만들어 냅니다. 초신성 폭발이 우주에 생명의 씨앗을 뿌려 주는 셈이지요. 스쿼팅오이도 초신성처럼 폭발합니다. 스쿼팅오이는 열매가 익으면 안에 액체가 가득 차 압력이 높아지고, 열매가 줄기에서 떨어지면서 액체와 씨앗이 발사되듯이 솟구치며 뿜어져 나옵니다.

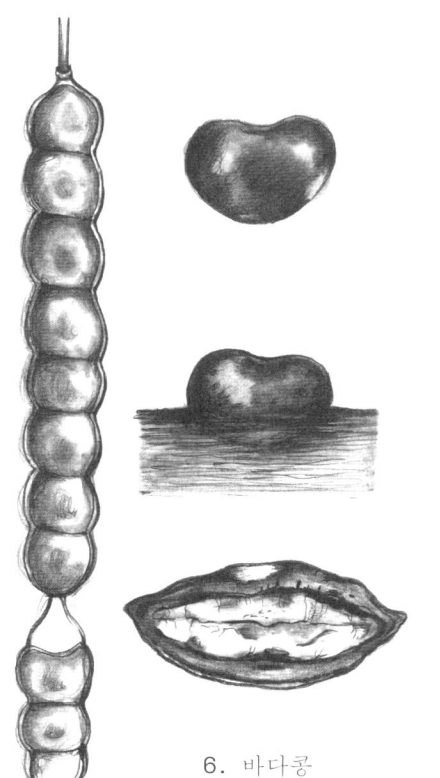

6. 바다콩
Entada gigas

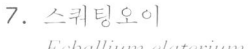

7. 스쿼팅오이
Ecballium elaterium

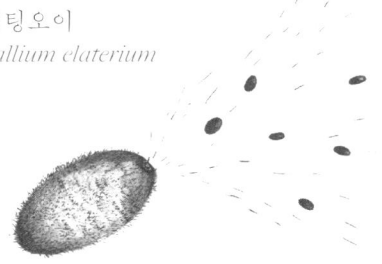

위험한 자들

동물을 배반하는
심지어 치명적인 색과 모습

자연은 풍경에
엄청난 다양성을 더했지만,
사람은 풍경을 단순화하는 데
그 열정을 쏟았다.

레이철 카슨

식물은 쉽게 사는 것처럼 보입니다.
그러나 사실은 지구에 사는 모든 것처럼
식물도 살아남기 위해 노력합니다.
땅에 고정된 식물은 자신을 먹이나
피난처로 이용하는 동물, 곤충, 그리고
사람으로부터 스스로를 지키기 위한
전략을 세워야 했습니다.

수백만 년에 걸쳐 진화를 거듭하면서 많은 실패와 성공을 통해
식물은 환경에 적응하며 오늘날 우리가 알고 있는 형태와 특징을
갖추게 되었습니다. 중대한 시행착오를 겪는 동안, 식물의 지능은
단순한 방어를 넘어 일부 식물을 치명적인 무기로 바꾸는 기술을
개발했지요.
겉으로 보기에는 순수하고 아름답지만, 사람에게 독이 되는
성분을 가진 식물이 많습니다. 그러나 이 특성에는 또 다른
측면이 있습니다. 이런 성분들이 다양한 질병을 치료하고 증상을
줄여 주기도 한다는 것이지요. 이와 같은 지식은 일반적으로
'치료사'에 의해 대대로 보존되었고, 마을 사람들의 입을 통해
전해져 내려왔습니다. 그리고 이 지식은 의약품에 대한 오늘날의
과학적 연구에도 존재하지요.
위험한 식물을 찾아 여행하는 동안, 우리는 그들이 전 세계에
퍼져 있다는 것을 발견했습니다. 위험한 식물은 우리에게
자신의 위험성을 넌지시 알려 주는 것처럼 대부분 강렬한 색과
특정한 모양을 하고 있습니다.

피마자

Ricinus communis

피마자는 오래전부터 알려진 흔한 식물로,
지구상의 거의 모든 곳에서 발견됩니다. 독성이
있기는 하지만, 피마자의 광채와 화려한 색상
때문에 많은 사람이 정원을 멋지게 장식하기 위해
꾸준히 기르지요. 피마자는 '리신'이라는 강력한
독성 단백질을 가지고 있는데, 특히 씨앗에 가장
많이 들어 있습니다. 씨앗 다섯 개만 먹어도 어른
한 명이 죽을 수 있지요. 하지만 피마자 씨앗에서
짠 기름은 독성이 거의 없어서 약으로도 쓰입니다.
피마자는 그리기가 까다롭지만, 색상이 담백하고
활력이 넘칩니다. 작은 가시가 달린 공 모양
열매는 녹색 잎과 대조되는 붉은색, 자홍색,
오렌지색 등을 띠지요.

독말풀

Datura stramonium

독말풀은 '독이 많은 풀'이라는 뜻입니다. 독말풀은
정착할 수 있다면 절대 기회를 놓치지 않기 때문에
전 세계에서 발견됩니다. 대부분의 사람은 독말풀의
잎과 씨앗의 비밀을 알지 못합니다.
바로 강한 독 성분인 '알칼로이드'가 아주 많이
들어 있다는 것을 말이지요. 알칼로이드 성분은
환각을 일으키고 정신을 잃게 하거나 치명적일 수
있습니다. 또한 통증을 줄이고 마취를 하는 데
쓸 수 있어서 역사적으로 마법 의식과 치유 의식의
중요 재료였지요. 독말풀은 먹는 양에 따라 약이
될 수도, 독이 될 수도 있습니다.

디기탈리스
Digitalis purpurea

학명에 '퍼퓨리아(*purpurea*)'가 들어간 꽃들은
분홍색, 주황색, 하늘색, 노란색 등 다양하고 선명한
색을 띱니다. 디기탈리스는 꽃이 장갑의 손가락
모양을 닮아서 손가락이라는 뜻의 라틴어 '디기터스
(*digitus*)'에서 이름을 따왔습니다. 디기탈리스의 꽃,
잎, 씨앗 등에는 인간의 심장을 자극하는
'디기톡신'이라는 강력한 독 성분이 들어 있습니다.
디기톡신은 훌륭한 치료제가 될 수도 있고,
치명적인 독극물이 될 수도 있으므로 디기탈리스를
관리하는 데는 전문적인 지식이 꼭 필요합니다.
우리는 디기탈리스에 독이 있다는 걸 강조하기 위해
자줏빛 꽃을 눈에 띄게 그렸고, 들판에 순수한 듯
감춰져 있지만, 동물들이 영리하게 피하는 느낌을
표현하기 위해 나머지 부분은 흑백으로 그렸습니다.

양귀비

Papaver somniferum

양귀비는 신석기 시대부터 기른 것으로 알려졌으며,
덜 익은 열매에 상처를 내면 흰색 액체가 흘러나오는
것이 특징입니다. 이 흰색 액체를 모아 말리면
'아편'이라는 진통제이자 마약이 되고, 아편은 다시
매우 강력한 진통제이자 마약인 '모르핀'을 만드는 데
쓰입니다. 그리고 모르핀은 세계에서 가장 중독성이
강한 마약인 '헤로인'의 원료가 되지요.
통증을 줄이기 위한 것이든 쾌락을 위한 것이든,
두 경우 모두 지나치게 많이 쓰면 죽을 수 있습니다.
양귀비는 길고 우아한 줄기와 씨앗과 꽃잎의
완벽한 배열이 매혹적이며, 줄기 끝에 올려진
선명하게 빨간 꽃이 모두의 눈길을 사로잡습니다.

맨드레이크

Mandragora autumnalis

맨드레이크는 잎부터 뿌리까지 모두 독성이
있습니다. 맨드레이크를 먹거나 피부에 바르면
사람이 마취 상태에 빠지거나 환각을 일으키고,
죽기도 합니다. 특히 뿌리의 독성이 가장 강한데,
뿌리가 사람의 다리나 몸을 닮았기 때문에 신비로운
느낌도 들지요. 맨드레이크는 병을 치료하는 특성과
치명적인 특성이 둘 다 있어 과거에는 종교 의식이나
마법 의식 모두에 사용되었습니다. 맨드레이크는
종 모양의 보라색 꽃이 아름다워 많이 기르지만,
반드시 조심해서 다루어야 합니다.

미국흰노루삼

Actaea pachypoda

미국흰노루삼도 독이 있는 식물입니다. 특히 뿌리와
열매에 독이 가장 많지요. 눈알처럼 생긴 하얀 열매는
피처럼 붉은 열매 자루와 대조를 이루며 눈에
잘 띕니다. 마치 열매에 독이 있다는 걸 경고하는 것
같지요. 그런데 원주민들은 뱀에게 물린 상처를
치료하는 등 약으로 쓰기도 했습니다. 미국흰노루삼은
색을 이용해 기이한 모습을 만들어 냈습니다.
그래서 위험을 경고하듯 우리를 처다보는 하얀 눈알을
물과 회색만으로 그려내는 게 가장 어려웠습니다.

협죽도
Nerium oleander

잎이 좁고 줄기는 대나무와 비슷해 '협죽도'라는
이름이 붙었습니다. 협죽도는 꽃이 화려하고
여름 내내 꽃을 피워서 관상용으로 인기가
좋습니다. 정원과 공공장소에서 많이 기르기
때문에 어디에서나 쉽게 볼 수 있지요. 협죽도는
순수한 모습과 달리 제대로 알고 다루어야 합니다.
특히 어린이들이 조심해야 하지요. 독성이 강해
아주 조금이라도 먹으면 심장에 영향을 주기
때문입니다. 협죽도 가지를 꺾어 젓가락처럼
쓰거나 꽃잎이나 잎을 우려 차로 마시면 심각한
마비가 오고 심하면 죽을 수도 있습니다.

나도독미나리

Conium maculatum

나도독미나리는 전 세계, 특히 길가와 버려진 땅에서
발견되며, 잎이 당근과 비슷하고 독을 가지고 있어서
'독당근'이라고도 불립니다. 여러 개의 작은 흰색
꽃들이 우산 모양으로 모여서 피는데, 이를
표현하려면 가는 연필로 섬세하게 그려야 합니다.
나도독미나리는 잎부터 뿌리까지 전체에 매우 강한
독성 물질이 들어 있습니다. 나도독미나리의 독은
사람의 신경 전달을 차단하기 때문에 숨을 쉴 수
없게 만들지요. 독의 치사율은 역사적으로도
유명한데, 소크라테스도 이 독을 먹고 죽었습니다.
고대 그리스 사람들은 소크라테스의 예리한 사고를
매우 불편하게 생각했고, 이로 인해 그는 재판받고
나도독미나리 독배를 마시라는 선고를 받았지요.

사기꾼들

원하는 것을 얻기 위한
함정과 위장

식물을 안다는 것은
모양, 서식지, 색깔,
그리고 주위 환경에 미치는 영향을
주의 깊게 관찰하는 것이다.

히메나 헤레스

자연 여행 중 식물을 관찰하며
종종 당황하기도 합니다.
'환각'이라는 말이 생각나기 때문이지요.
이는 어떤 상황에서 뜬금없이
친숙한 것을 떠올리는 것입니다.
즉, 산의 윤곽을 보며 사랑하는 사람의
모습을 떠올리거나 구름 무리를 보며
가장 좋아하는 동물을 생각해 내기도
하는 것입니다.

뜻밖의 장소에서 의미 있는 감정을 느끼는 것은 사람뿐만이
아닙니다. 곤충도 비슷합니다. 그리고 식물은 마치 이를 아는
것처럼 이용하지요. 식물은 자신의 모양과 주요한 특성을
변형시켜 짝짓기를 할 수 있는 것처럼 곤충을 속이기도 합니다.
식물이 자손을 남기기 위해서는 같은 종끼리 꽃가루를
주고받아야 하는데, 이를 위해 곤충의 본능을 이용하지요.
식물이 감미로운 향기나 지독한 악취를 내는 것도 곤충의
취향에 맞추기 위해서입니다. 꽃은 꽃가루 운반자에게
가장 아름다운 향기를 선물했고, 우연히 사람들에게 전해져
향수의 재료로 사용되었지요. 식물은 다른 존재들을
유혹하기 위해 오히려 역한 냄새를 풍길 때도 있습니다.
또 어떤 식물은 이와는 정반대로 잡아먹히지 않기 위해
아무도 알아보지 못하게 변신합니다. 극단적으로는 식물계에서
벗어나 무생물인 바위나 돌처럼 보이는 경우도 있지요. 이런
식물은 자신의 출신을 밝히기보다는 차라리 광물로 보이길
원하는 것 같습니다.

왕서각
Stapelia gigantea

이 거대한 식물은 이제 지구상의 거의 모든
곳에서 발견될 정도로 세계를 여행했습니다.
왕서각은 씨앗을 맺기 위해 별 모양 꽃을
피웁니다. 그러나 꽃의 멋진 모습 때문이
아니라 꽃의 무늬와 꽃에서 나는 죽은 동물
냄새 때문에 파리가 꼬이지요. 파리 떼가
꽃에 모여 파티를 즐기고, 날아다니며 알을
낳는 동안 왕서각은 꽃가루받이가 된답니다.

우각
Orbea variegata

우각은 줄기가 선인장을 닮았지만,
선인장과는 완전히 다른 식물입니다.
오히려 정원과 공원에 장식용으로
많이 심는 협죽도나 일일초와 연관이
있지요. 우각은 꽃이 알록달록해서
관상용으로 매우 인기가 좋으며,
꽃가루 운반자인 곤충을 꾀기 위해
희미한 썩은 냄새를 풍깁니다.

서우각
Stapelia hirsuta

스타펠리아류(*Stapelia*)의 모든 식물은
비슷한 전략을 씁니다. 이들은 썩은
고기 냄새를 풍기며 꽃가루 운반자인
파리를 유혹하지요. 고기 냄새에 속은
파리 떼는 알에서 깬 애벌레가
고기를 먹을 수 있다고 믿으며 꽃에
알을 낳습니다. 그래서 작은 파리
애벌레가 먹이를 찾아 커다란 꽃 위를
돌아다니는 것을 볼 수 있지요.

여기 있는 '살아 있는 돌'은 작은 돌처럼
보이지만 사실은 다육 식물입니다.
그들은 바위와 모래 사이에서 땅바닥보다
약간 높게 자라며, 먹이를 찾는 곤충과
굶주린 동물을 헷갈리게 하지요.

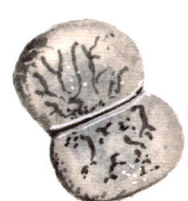

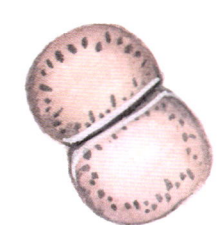

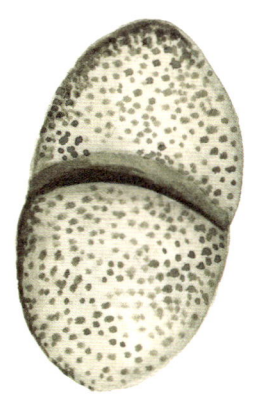

리톱스류(*Lithops*)

'리톱스'라는 말은 돌(lithos)과 얼굴(ops)을 뜻하는
고대 그리스어에서 따왔습니다. 리톱스류는 사막에
매우 잘 적응한 식물로, 물을 저장하는 한 쌍의
잎만 땅 위로 나와 있습니다. 계절마다 원래 있던
잎 사이에서 새로운 잎 한 쌍이 자라나는데,
오래된 잎에 있던 물과 영양소는 전부 새잎으로
옮겨가지요. 우리는 아주 건조하고 생명력이 없어
보이는 이 식물들을 습식 수채화로 그렸습니다.
젖은 종이에 색을 칠해 물감이 자연스럽게 번지게
하는 방법으로 식물의 입체감을 표현했지요.

마옥
Lapidaria margaretae

희끄무레한 돌들이 옹기종기
모여 있는 것처럼 생겼지만,
뜻밖에도 많은 노란 꽃잎을 가진
아름다운 꽃이 피어납니다.

천녀
Titanopsis calcarea

잎이 콘크리트처럼 보여서
'살아 있는 콘크리트잎'이라고
불립니다. 통통한 잎에 작은
돌기가 오돌토돌하게 나 있어
바위처럼 잘 위장하지요.
살아 있다는 유일한 표시인
노란색 또는 주황색 꽃이
필 때만 눈에 띕니다.

군옥
Fenestraria rhopalophylla
subsp. *aurantiaca*

잎이 꼿꼿하게 서서 자라고,
끝부분이 잘린 것처럼
반투명해서 창문처럼 보입니다.
그래서 라틴어로 '창'을 뜻하는
'페네스트람(*fenestram*)'에서
학명을 따왔지요. 꽃은
노랗거나 하얗습니다.

칠레쥐방울덩굴
Aristolochia chilensis

칠레쥐방울덩굴의 꽃은 상당히 불쾌한
냄새를 풍깁니다. 물론 먹이를 찾아 헤매는
파리 같은 곤충에게는 이 꽃이 진정한
낙원이라고 믿게 만드는 냄새이지요.
트럼펫 모양의 꽃은 아래를 향해 피고,
안쪽에 털이 많이 나 있어 파리가 들어가면
빠져나올 수 없습니다. 꽃 안으로 들어간
파리는 다른 꽃에서 묻힌 꽃가루를
떨어뜨려 꽃가루받이를 해 주지요.
또한 파리가 빠져나가려 애쓰는 동안 새
꽃가루가 묻게 됩니다. 그러면 꽃이 시들어
꽃가루를 묻힌 파리가 탈출할 수 있지요.

칠레쥐방울덩굴은 독성이 있지만,
폴리다마스제비나비(*Battus polydamas*)와는
특별한 관계를 맺고 있습니다.
폴리다마스제비나비는 칠레쥐방울덩굴에
알을 낳고, 애벌레가 이 식물을 먹고
자랍니다. 그러면 애벌레의 몸속에 식물의
독이 조금씩 쌓여 천적이 함부로 먹지
못하지요. 더불어 식물을 먹는 다른 곤충과
경쟁할 필요도 없답니다. 우리는 비밀스럽고
위험한 삶을 사는 이 놀라운 작은 애벌레
등반가를 더 자세히 볼 수 있도록
흑백 그림도 함께 책에 넣었습니다.

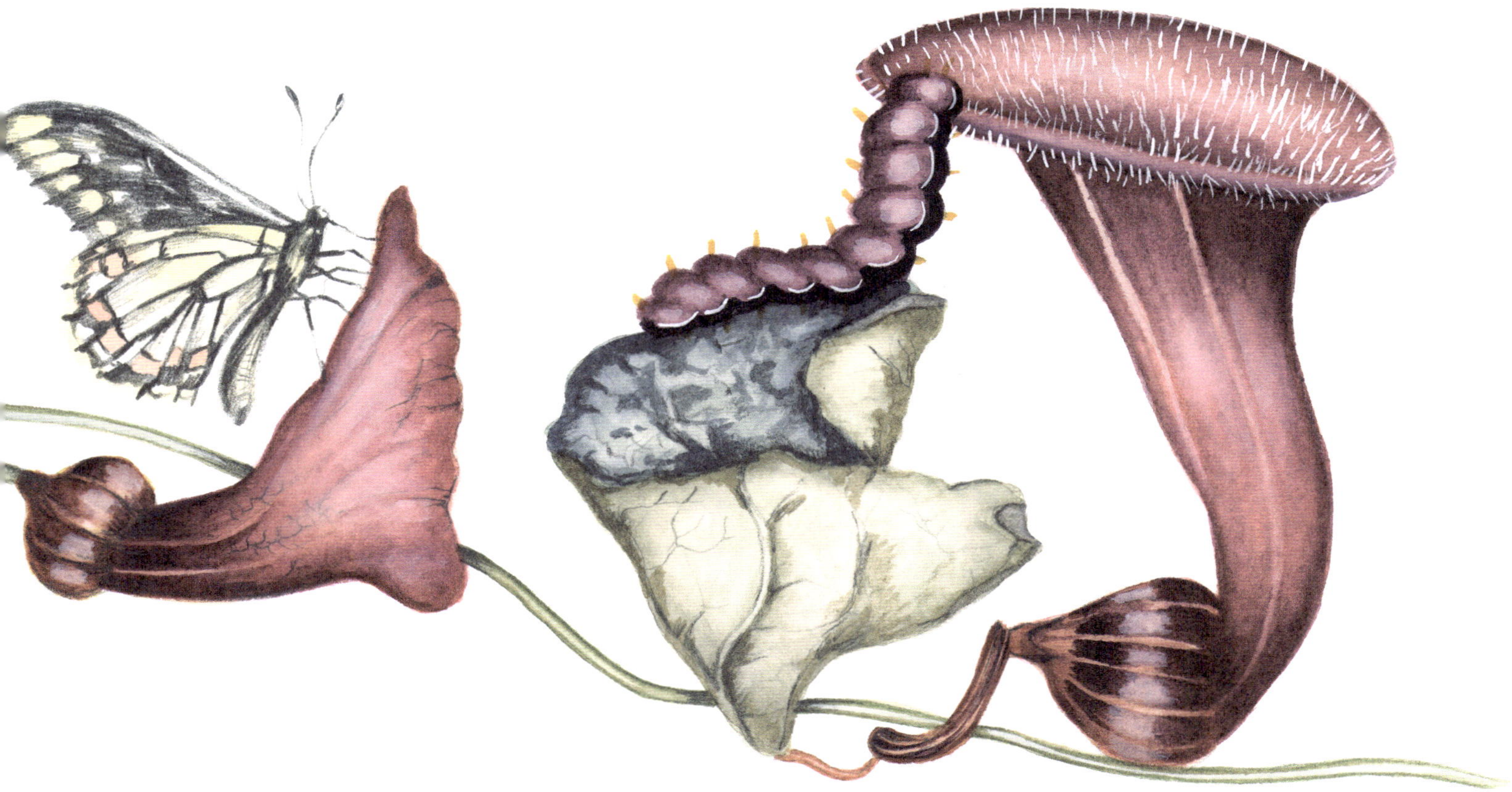

식물의 무대에서 정말 빛나는 것은
난초입니다. 우아한 숙녀들이 방으로
들어올 때처럼 모두가 숨죽이며
바라보게 되지요. 난초는 꽃잎의 섬세한
모양, 선명한 색, 전략적인 무늬 등으로
자연의 패션쇼에서 맨 앞에 서는 으뜸
모델이 된답니다. 그들은 손으로 그린
작은 도자기처럼 디자이너와 예술가
모두에게 풍부한 영감을 주기도 하지요.

파리난초
Ophrys insectifera

파리난초는 초원, 덤불, 삼림 지대에서 흔히
볼 수 있습니다. 파리처럼 생긴 꽃을 피우고,
암컷 페로몬 향기를 내뿜어 다른 난초들처럼
파리나 말벌 같은 수컷 곤충을 끌어들이지요.
수컷들이 꽃을 암컷으로 착각해 짝짓기하려고
애쓰는 동안 꽃가루받이가 된답니다.

오리난초
Caleana major

오리난초는 나는 오리와 비슷하게 생겼지만,
새들의 관심을 끌지는 못합니다. 오히려
특정한 종류의 말벌에 의해 꽃가루받이가
되지요. 이 말벌류는 암컷 말벌의 등을 닮은
오리난초의 입술 꽃잎과 꽃에서 나오는
페로몬 향기에 이끌려 오리난초를 찾아옵니다.

원숭이난초
Dracula simia

원숭이난초는 꽃이 원숭이 얼굴과 똑 닮아서 볼수록
신기합니다. 하지만 이 난초는 꽃가루받이를 위해
초파리를 유인하는 것이 목표입니다. 사람에게는
원숭이의 아래턱처럼 보이는 입술 꽃잎이나
변형된 중간 꽃잎이 버섯 모양을 하고 있고,
버섯 냄새를 풍깁니다. 그래서 애벌레 때 버섯을
먹고 자라는 초파리류가 알을 낳으러 찾아오지요.
원숭이난초는 속임수 기술의 전문가입니다.

꿀벌난초
Ophrys apifera

꿀벌난초의 꽃은 꿀벌의 모양과 색을 흉내 내는
속임수로 수컷 꿀벌을 유인합니다. 사랑에 빠진
꿀벌은 꽃을 암컷으로 착각해 짝짓기를 즐기고,
그사이에 몸은 꽃가루 범벅이 되지요. 꿀벌은
꽃가루에 뒤덮인 채로 다른 꽃으로 이동해 계속
사랑을 즐기면서 꽃가루를 옮깁니다. 이뿐만
아니라 꿀벌난초는 바람이 불 때 스스로 꽃가루를
옮기기도 하는, 꽃가루 퍼뜨리기의 달인입니다.

파리난초
Ophrys insectifera

오리난초
Caleana major

원숭이난초
Dracula simia

꿀벌난초
Ophrys apifera

히드노라 아프리카나
Hydnora africana

히드노라 아프리카나는 잎이나 줄기가 없는 매우 특이한 식물로, 엽록소가 없어서 광합성을 못합니다. 그래서 다른 식물의 뿌리에 기생해 땅속에서 자라다가 꽃만 땅 위에서 피우지요. 꽃은 꽃잎이 두툼하고 매우 천천히 자라며, 똥 냄새가 납니다. 이 냄새를 맡고 소똥구리류나 송장벌레류 같은 곤충이 찾아오면, 꽃은 이들을 뻣뻣한 털로 붙잡습니다. 갇힌 곤충들이 몸에 꽃가루를 묻히고 꽃가루받이를 마치면 다시 꽃잎이 열리면서 곤충들이 빠져나올 수 있지요.

북미앉은부채
Symplocarpus foetidus

북미앉은부채는 스컹크처럼 냄새가 심하고, 잎이 양배추를 닮아서 '스컹크양배추'라고도 부릅니다. 북미앉은부채는 꽃에서 고기 썩는 냄새나 삶은 달걀 냄새, 마늘이나 양파 냄새 따위의 지독한 냄새를 풍깁니다. 그러면 죽은 동물을 먹이로 하는 파리류나 딱정벌레류 같은 곤충이 냄새에 이끌려 찾아오지요. 북미앉은부채는 이들의 도움으로 꽃가루받이를 합니다. 또한 겨울에 꽃을 피우는 북미앉은부채는 열을 냅니다. 그러면 냄새도 더 멀리까지 퍼지고, 따뜻한 곳을 찾는 곤충들도 쉽게 유혹할 수 있지요. 우리는 꽃의 섬세한 모습과 퍼지기 시작한 잎의 모습을 그림으로 나타냈습니다. 겉모습이 복잡할수록 색을 더 많이 덧칠해야 하므로 북미앉은부채를 수채화로 그리는 건 쉽지 않았답니다.

자이언트라플레시아

Rafflesia arnoldii

누군가의 눈에 띄기 위해 태어난
식물이 있다면 그것은 바로
자이언트라플레시아일 것입니다.
크기가 거대할 뿐만 아니라 열을 내고,
썩은 고기 냄새가 진동하기 때문에
눈에 띄지 않을 수가 없지요. 꽃이 내는
지독한 냄새는 파리류 같은 일부 꽃가루
운반자에게는 참을 수 없이 맛있는
냄새이지요. 자이언트라플레시아는
다른 식물로부터 영양분을 빼앗는
완전한 기생 식물입니다. 거대한 꽃이 큰
특징인데, 지름이 1미터쯤 되고 무게는
10킬로그램이 넘을 정도로 엄청나지요.
화려한 색의 자이언트라플레시아를
그리면서 가장 어려웠던 점은 좋아하는
먹이를 찾아 꽃 속을 헤매는 곤충이
느끼는 유혹을 표현하는 것이었습니다.

카멜레온으름덩굴

Boquila trifoliolata

칠레 남부의 숲에서 사는 카멜레온으름덩굴의
속임수는 정말 놀랍습니다. 다른 식물의 잎을
똑같이 따라 하지요. 카멜레온으름덩굴은 주로
동물 세계에서 보이는 이런 위장 기술을 이용해
초식 동물에게 먹히지 않고 살아남습니다. 모방은
카멜레온으름덩굴이 포함된 보퀼라류(*Boquila*)만이
하는 것은 아닙니다. 그러나 보퀼라류가 놀라운
이유는 다양한 종류의 식물을 똑같이 따라 할 수
있다는 것입니다. 가장 가까이에 있는 다른 식물의
잎에 따라 잎의 모양, 색깔, 크기, 방향, 심지어
잎맥의 모양까지 자유자재로 바꿀 수 있지요.
우리는 카멜레온으름덩굴의 도전적인 삶의 기술을
명암과 윤곽만으로 모방해 그리려고 노력했습니다.

변장 예술가

보퀼라류는 다른 식물을 감고 자라는 덩굴 식물입니다.
자기 잎을 감고 있는 식물의 잎과 똑같이 바꾸지요.
그래서 어떤 식물을 감고 있는지에 따라 잎 모양이 달라진답니다.

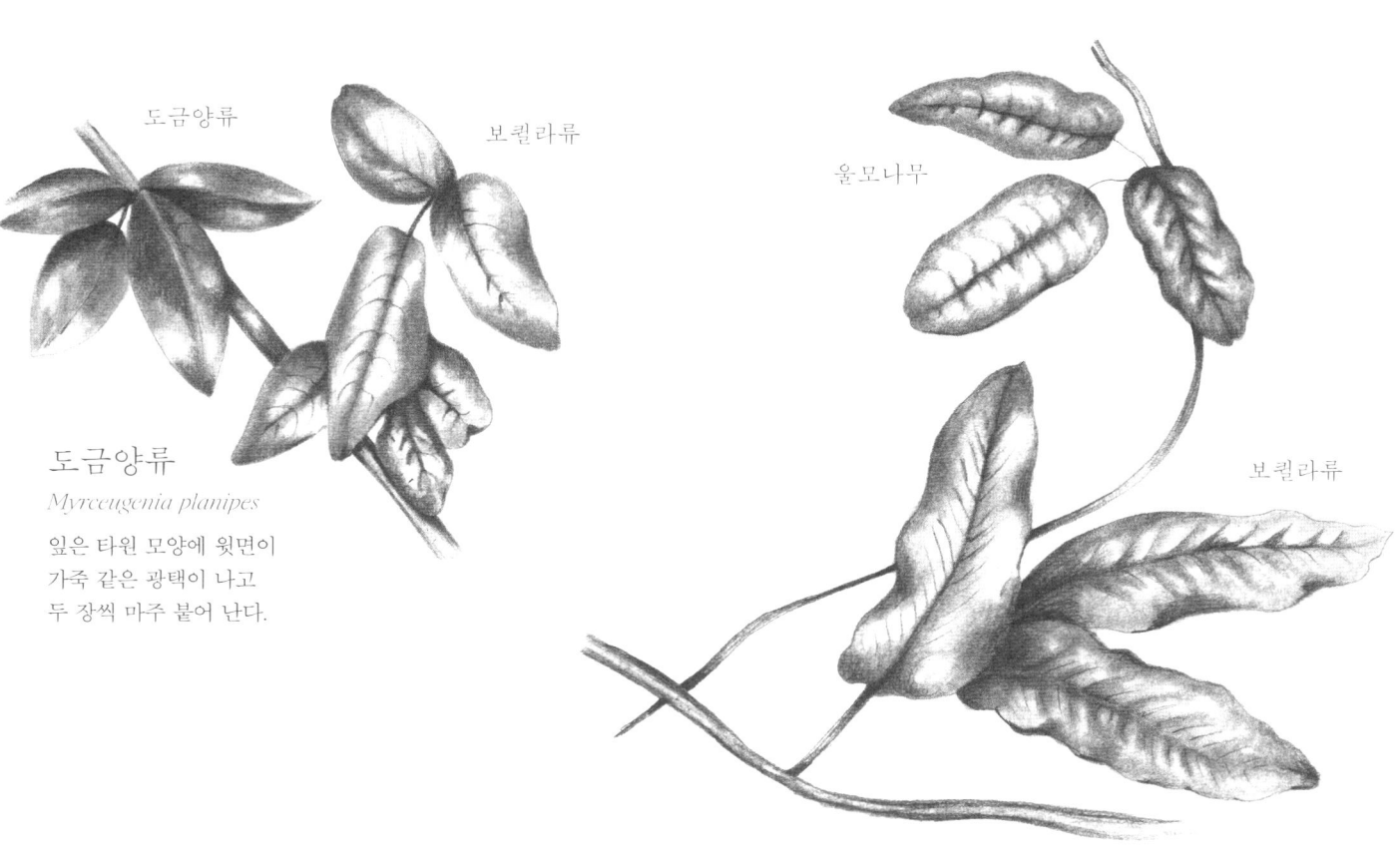

도금양류
Myrceugenia planipes

잎은 타원 모양에 윗면이
가죽 같은 광택이 나고
두 장씩 마주 붙어 난다.

울모나무
Eucryphia cordifolia

잎은 길쭉하고 가장자리가
물결 모양이며 잎맥이
뚜렷하고 가죽 같은
광택이 난다.

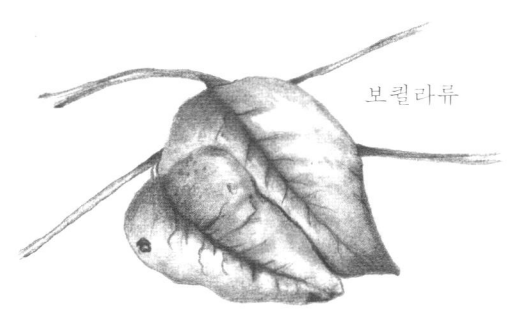

마편초류
Rhaphithamnus spinosus

잎은 다소 단단하고 끝이
뾰족한 타원 모양이며
잎맥이 뚜렷하고 잎
사이에 가시가 나 있다.

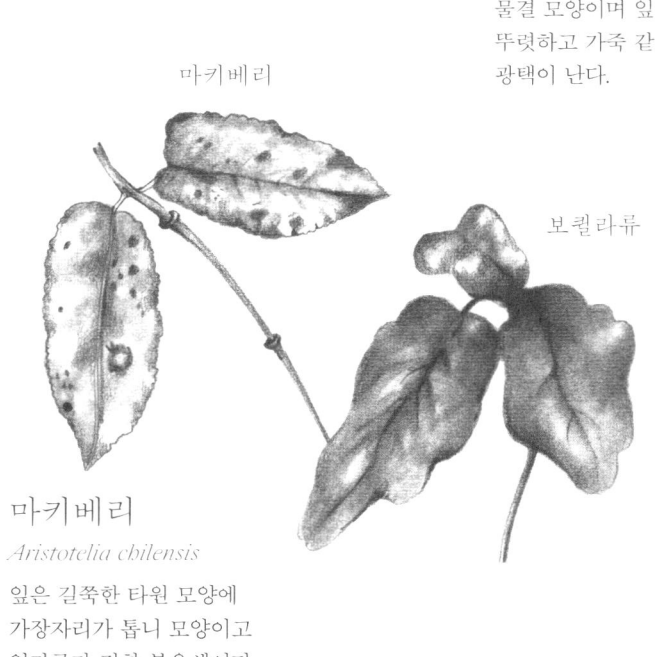

마키베리
Aristotelia chilensis

잎은 길쭉한 타원 모양에
가장자리가 톱니 모양이고
잎자루가 진한 붉은색이다.

반항아들

여성이
지구와의 화해를 이끄는
미래를 만들지 못한다면
인류에게는
어떤 미래도 없다.

반다나 시바

사람에게 머리, 몸통, 팔다리가
있는 것처럼 식물도 뿌리, 줄기,
잎, 꽃, 그리고 열매로 이어지는
기본 구조로 이루어져 있습니다.
사람은 땅에 발을 딛고 살아가고,
식물은 땅속에 뿌리를 내리고
땅 위로 싹을 틔워 살아가지요.

대자연은 여행할 때마다 우리를 놀라게 합니다. 자연은 계속해서
우리에게 역동성과 영구적인 변화를 보여 주기 때문이지요.
식물과 동물의 세계에는 일정한 패턴과 질서가 있지만, 이런
규칙에 대한 예외는 있기 마련입니다. 이번 자연 여행은
일반적인 규칙을 거부하고 도전하는 식물을 만나 보고자 합니다.
한 공간이나 한 영역에서만 갇혀 사는 '식물적 상태'에 반항하고,
원하는 곳이라면 어디에서나 끈질기게 자라나는 식물들이지요.
우리는 이 반항아들을 공통적인 특성에 따라 땅에 붙어 있지
않고 공중에서 살기 원하는 것, 잎이 없는 것, 무기를 사용하는
것, 그리고 남의 공간을 침범하는 것으로 나눴습니다.

수염틸란드시아
Tillandsia usneoides

틸란드시아 애란토스
Tillandsia aeranthos

틸란드시아 카풋메두사
Tillandsia caput-medusae

틸란드시아 스타버스트
Tillandsia starburst
(*T. brachycaulos* × *T. schiedeana*)

틸란드시아 이오난사
Tillandsia ionantha

틸란드시아 카우츠키
Tillandsia kautskyi

틸란드시아 랜드베키
Tillandsia landbeckii

아마도 한 번쯤은 평범한 실이나 가는 줄에
매달려 공중에 떠 있는 '공중 식물' 또는
'틸란드시아(*Tillandsia*)'라는 식물을 본 적이
있을 거예요. 틸란드시아류는 독특하게도
땅에 뿌리를 내리지 않습니다. 뿌리는 오로지
어딘가에 달라붙기 위해서 발달했지요.
뿌리로 물과 영양분을 흡수하지도 않습니다.
그럼 어떻게 살아갈까요? 틸란드시아류는
잎과 줄기가 온통 '트리콤'이라 불리는
은회색 비늘털로 덮여 있습니다. 뿌리 대신
트리콤이 공기 중의 물기와 영양분을 흡수해
살아가지요. 트리콤은 강한 햇빛으로부터
식물을 지켜주기도 한답니다.

수염틸란드시아
Tillandsia usneoides

얇고 곱슬한 잎이 빽빽이 나 있는
줄기가 아래로 늘어진 모습이 마치
할아버지의 긴 턱수염처럼 생겨서
'수염틸란드시아'라고 부릅니다.
수염틸란드시아는 주로 다른 나무에
붙어서 삽니다. 햇빛을 막기 때문에
나무가 자라는 걸 방해하기는 하지만,
기생 식물들과 달리 나무의 영양분을
빼앗지는 않습니다. 수염틸란드시아는
전화선이나 바위 따위에도 매달려
살고, 멕시코에서는 크리스마스에
성탄 구유를 장식하는 데 쓰입니다.

틸란드시아 애란토스
Tillandsia aeranthos

틸란드시아 애란토스는 비가 오는 지역에서
발견되며, 남아메리카 코노 수르 지역의
산과 숲에서 높이 매달려 삽니다. 다른
식물에 붙어 사는 '착생 식물'이지만,
기생하지는 않아서 영양분과 물을 빼앗지는
않습니다. 공기 중에서 필요한 물질을
얻지요. 틸란드시아 애란토스는 예술적인
분홍색과 파란색 꽃이 핍니다. 씨앗을
만들기도 하지만, 줄기에서 새로운 싹과
뿌리가 생겨나서 또 다른 개체로 자라기
때문에 마치 복사하듯 수가 늘어나지요.

틸란드시아 카풋메두사
Tillandsia caput-medusae

멕시코와 중앙아메리카에서 사는
틸란드시아 카풋메두사는 뱀처럼
구불구불한 잎이 신화 속 메두사 머리를
닮았습니다. 고산 마을 사람들이 입는
형형색색의 전통 옷을 닮은 듯
생기 넘치는 빛깔의 꽃도 매력적이지요.

틸란드시아 스타버스트
Tillandsia starburst
(*T. brachycaulos* × *T. schiedeana*)

틸란드시아 브락치카울로스와
틸란드시아 쉬데이아나가 꽃가루받이해서
생겨난 교잡종입니다. 가늘고 뻣뻣한
잎이 독특하게 바람개비 모양으로 자라고,
집에서 기르기 좋습니다.

틸란드시아 이오난사
Tillandsia ionantha

틸란드시아 이오난사는 평생 딱
한 번만 꽃을 피웁니다. 그래서
씨앗도 한 번만 남기지요. 대신 꽃이
진 뒤에는 줄기에서 새로운 싹이
돋아나서 계속 수를 늘릴 수 있습니다.
아름다운 보라색 꽃이 필 때가 되면
중앙에 있는 잎이 붉게 물들어 꽃가루
운반자, 특히 벌새의 눈길을 끌지요.
틸란드시아 이오난사는 중앙아메리카가
원산지이고, 가장 높은 나뭇가지에
붙어서 자랍니다. 마치 자유를 외치는
것처럼 보이지요.

틸란드시아 카우츠키
Tillandsia kautskyi

틸란드시아 카우츠키는 크기가 작고,
잎이 촘촘하게 나 있습니다.
브라질에서만 발견되는 착생
식물이지만, 다른 곳에서 기를 수도
있지요. 자연 상태에서는 습한 숲에서
자라기 때문에 사람이 기르려면 물을
충분히 주어야 합니다. 우리는 꽃과
잎의 선명한 대비를 보여 주려고
꽃이 활짝 핀 모습을 그렸습니다.

틸란드시아 랜드베키
Tillandsia landbeckii

틸란드시아 랜드베키는 지구에서 가장
건조한 곳인 아타카마 사막에서 삽니다.
이들은 모래 위의 거대한 쿠션처럼
보이며, 모래에 뿌리를 내리지 않아서
쉽게 떨어집니다. 틸란드시아 랜드베키는
건조한 곳에서 살지만, 매일 아침
'카만차카'라고 부르는 짙은 안개에서
필요한 물을 얻습니다. 카만차카는
페루 남부와 칠레 북부의 바닷가에서
불어오는 바람 때문에 생기는 바다 안개로,
공기를 습하게 만들어 주지요.

선인장겨우살이
Tristerix aphyllus

덤불퉁퉁마디
Salicornia fruticosa

선인장겨우살이

Tristerix aphyllus

선인장겨우살이는 칠레에만 사는 식물로, 잎이
아주 작은 비늘로 변해 광합성을 할 수 없습니다.
그래서 '금계룡'이라는 선인장에 기생하며,
금계룡으로부터 필요한 물과 영양분을 얻지요.
선인장겨우살이는 금계룡 안에서 자라다가
꽃을 피울 때만 밖으로 나오기 때문에 금계룡의
꽃이라고 착각하기 쉽습니다. 선인장겨우살이의
붉은 꽃과 열매는 멀리서도 눈에 띕니다. 그래서
흉내지빠귀류가 열매를 먹은 뒤, 금계룡 가시
옆에 선인장겨우살이의 씨앗을 쌓아두곤 하지요.
씨앗이 싹 트면 뿌리가 변해 기생뿌리가 되는데,
기생뿌리를 금계룡에 박아 영양분과 물을
흡수합니다. 선인장겨우살이는 다음 계절에 같은
자리에서 붉은 꽃을 피우지요. 선인장겨우살이를
수채화로 그릴 때 가장 어려웠던 건 금계룡의
가시 달린 단단하고 큰 원기둥 줄기의 중앙을
밝게 빛나듯 표현하는 것과 줄기 능선에 달린
불타는 듯한 빨간색을 보여 주는 것이었습니다.

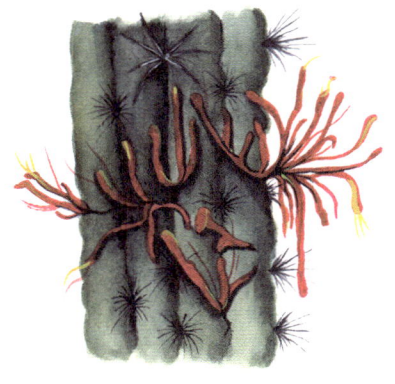

덤블퉁퉁마디

Salicornia fruticosa

덤블퉁퉁마디는 바닷가 갯벌에서 자라며,
줄기로 광합성을 합니다. 잎은 매우 작고
비늘처럼 변해 줄기에 딱 붙어 있지요. 줄기는
마디가 많고 퉁퉁한데, 처음에는 녹색이었다가
점차 붉은색으로 변합니다. 그래서 바닷가가
빨간색과 녹색 구슬로 뒤덮인 것처럼 보이지요.
또한 소금기를 많이 머금어도 살 수 있어서
소금 성분이 많은 땅에서도 잘 자란답니다.

오로반체 라모사

Orobanche ramosa

오로반체 라모사는 원래 유럽에서만
살았지만, 지금은 모든 대륙에서 잘
자랍니다. 잎이나 줄기에 엽록소가 없어서
스스로 영양분을 만드는 광합성을 하지
못합니다. 그래서 평생 다른 식물의 영양분을
빼앗아 생활하는 완전 기생 식물이지요.
오로반체 라모사는 매력적으로 보이지만
기생 당하는 식물인 숙주에게는 큰 피해를
줄 수 있습니다. 우리는 숙주와 구별하기
위해 오로반체 라모사만 색을 칠했습니다.

속새

Equisetum hyemale

속새는 고생대에 번성한 원시 식물로,
공룡보다 먼저 지구에 나타났습니다.
지금까지 살아남은 원시 식물 가운데
속(genus)이 단 하나뿐인 식물이지요.
잎은 얇은 비늘처럼 변해서 줄기
마디를 둘러싸고 있습니다. 그래서
속이 빈 줄기로 광합성을 하지요.
속새는 꽃이 피지 않고, 씨앗 대신
홀씨(포자)로 자손을 늘립니다.
홀씨는 줄기 끝에 달린
홀씨주머니(포자낭)에서 만들지요.
또한 속새는 줄기 표면이 거칠어서
금속, 특히 은을 광내는 데
쓰였습니다. 그래서 한때 부자들의
필수품이었고, 오랫동안 은그릇
손질용으로 많은 집에서 길렀답니다.

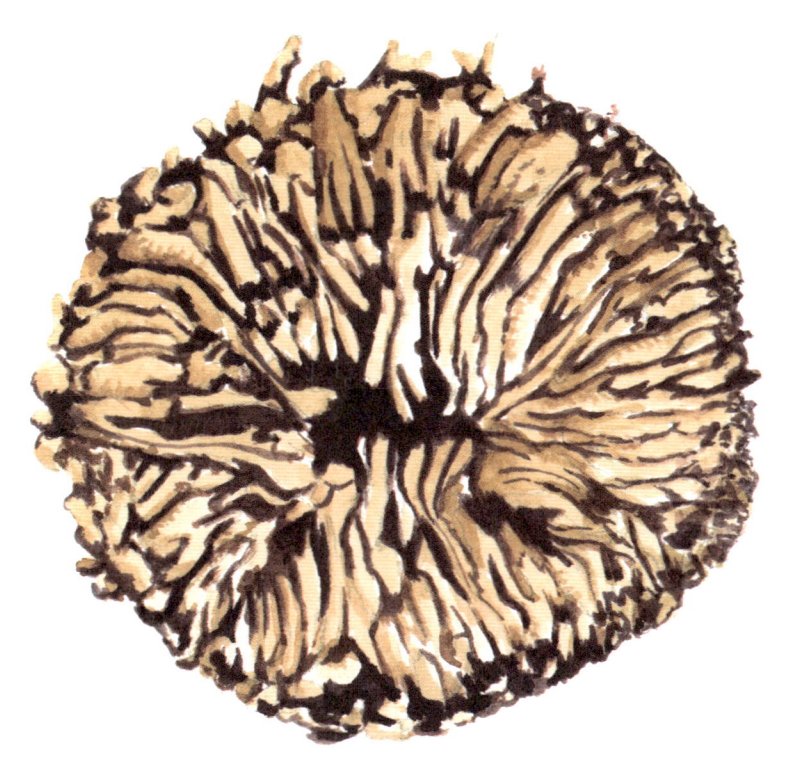

부활초

Selaginella lepidophylla

미국과 멕시코 국경에 있는 치와와 사막에서는
비가 내리면 수년간 말라 죽은 것 같았던
부활초가 다시 살아나며 잔치가 벌어집니다.
부활초는 고생대부터 지구에서 살아왔고, 메마른
상태에서도 수년간, 심지어 수십 년간 살아남아
경외심을 불러일으키지요. 부활초는 완전히
죽었다가 되살아나는 것은 아닙니다. 물이 없을
때는 줄기가 어두운 갈색으로 변해 공처럼 둥글게
뭉쳐 있다가 물을 만나면 원래의 모양과 색을
되찾지요. 우리는 부활초가 물을 만나 되살아나는
모습을 그림으로 나타내려고 애썼습니다.

서양가시엉겅퀴
Cirsium vulgare

공절굿대
Echinops ritro

엉겅퀴류

엉겅퀴는 스코틀랜드의 나라꽃입니다.
전설에 따르면 어느 날 밤, 기습한 적군이
엉겅퀴 가시에 찔려 소리를 지르는 바람에
스코틀랜드인들이 알아차리고 이들을
물리쳤다고 합니다. 전설 속의 엉겅퀴가
어떤 종류인지는 알 수 없지만, 엉겅퀴류는
어디에서든 잘 자라기 때문에 전 세계에
퍼져 있고, 종종 잡초로 여겨지기도 합니다.
엉겅퀴류는 날카롭고 억센 가시가
나 있습니다. 가시는 스스로 자기를 지키기
위한 무기이지요. 또한 씨앗을 많이 만들어
바람과 물, 동물 등을 이용해 퍼뜨립니다.
씨앗은 흙 속에서 수년간 살아남을 수
있지요. 자연 속의 엉겅퀴는 그야말로
매혹적입니다. 우리는 엉겅퀴꽃들의 강렬한
존재감을 강조하기 위해 자주색과 파란색을
조심스럽게 여러 겹 붓칠했습니다.

이탈리아엉겅퀴
Carduus pycnocephalus

흰무늬엉겅퀴
Silybum marianum

노란수레국화
Centaurea solstitialis

사향엉겅퀴
Carduus thoermeri

카나다엉겅퀴
Cirsium arvense

서양메꽃
Convolvulus arvensis

서양메꽃은 씨앗이 잘 퍼져서
어디에서나 볼 수 있으며, 전 세계
어디에서나 잘 자랍니다. 서양메꽃
하나가 씨앗을 500개까지 맺을 수
있고, 씨앗은 물과 동물, 심지어
사람에 의해 이동합니다. 휴면
상태인 씨앗은 흙 속에서 15년에서
20년 또는 그보다 오래 살아남을
수도 있습니다. 서양메꽃은
생존력이 아주 뛰어나지요.

유럽가시금작화
Ulex europaeus

유럽가시금작화는 다른 생물의
서식지를 차지하는 침입성이
뛰어난 식물입니다. 땅을 일구면
먼저 나타나는 식물 중 하나로,
빽빽한 가시덤불을 만들어 다른
식물이 자라는 걸 방해합니다.
그러나 그 지역을 독차지하지는
않고 다른 식물과 균형을
이루지요. 유럽가시금작화는
도시 주변 어디에서나 매우
흔히 볼 수 있지만, 섬세한
아름다움 때문에 벽지와 가구
무늬 등으로 쓰이며 고전적인
집 안 장식에 영감을 줍니다.

서양메꽃
Convolvulus arvensis

유럽 가시금작화
Ulex europaeus

굶주린 자들

식물에서 동물로:

영양분을 얻기 위한 전략

글쓰기는
나의 굶주림을
탐색하는 방식이고,
굶주림은
모든 것의 원동력이다.

시리 허스트베트

'벌레잡이 식물'이라는 말만 들어도
어린 시절의 풍부한 상상력이
되살아납니다. 누구나 한 번쯤은
이빨 달린 식물 안에 갇히는 상상을
해 보았을 테니까요.
이렇게 호기심을 자극하는 식물을
중심으로 기발하고 다양한 이야기와
신화가 만들어졌습니다.

사실 벌레잡이 식물은 사람을 공격하지 않습니다. 주로 파리,
개미, 모기, 나방, 딱정벌레 같은 곤충만 먹지요. 그리고 때때로
운이 없어서 함정에 빠진 작은 포유동물이나 척추동물을
먹곤 합니다. 벌레잡이 식물이 사람들을 휘어잡은 매력은 식물
세계의 '자급자족'이라는 개념에 도전하는, 동물 세계와
가까운 이런 특성에서 비롯되는 것 같습니다.
그러나 벌레잡이 식물은 여전히 녹색이고 광합성을 하며,
척박한 환경에서 영양분을 찾는 재능도 매우 식물적입니다.
끈끈이 식물, 교묘한 계책을 쓰는 식물, 거부할 수 없는 갈증과
식욕을 불러일으키는 식물 등이 있지요.
식물 세계에서 '굶주림'이 어떻게 드러나는지 보여 주기 위해
우리는 인상적인 식물을 골랐습니다. 자신이 사는 환경에 맞춰
영양분을 얻는 방법이 달라지는 식물들만큼이나 기발한
선택이었지요. 이런 식물 중 일부가 한 여성의 열정 덕분에
알려지게 된 것도 인상적입니다. 그녀는 우리에게 영감을 주는
영국의 식물 예술가인 메리앤 노스이며, 그 당시 고정 관념을
무릅쓰고 '네펜테스 노시아나(Nepenthes northiana)'를 비롯한 여러
종류의 식물을 그려 세계에 알렸습니다. 그녀가 지식에 대해
엄청난 욕구가 있었던 걸 생각하면, 이 탐욕스러운 식물의
이름에 메리앤 노스의 성이 붙은 것은 어쩌면 당연한 일입니다.

남극벌레잡이제비꽃
Pinguicula antarctica

남극벌레잡이제비꽃의 끈적이는 잎은
땅에 붙어 자라고, 작은 곤충이 앉으면
다시는 탈출할 수 없도록 완벽하게
설계되어 있습니다. 그런데 연약하고
기운 없고 우울해 보여서 곤충을
잡아먹는다는 걸 상상하기 어렵지요.

벌레잡이제비꽃
Pinguicula vulgaris

벌레잡이제비꽃은 끈끈한 잎으로
곤충을 잡아먹고, 꽃 모양이
제비꽃과 닮아서 붙여진 이름입니다.
벌레잡이제비꽃은 척박한 바위
절벽이나 습지에서 자라기 때문에
곤충을 잡아먹어서 부족한 영양분을
보충하지요. 곰팡이 냄새와
반짝거리는 잎으로 곤충을 유인하고,
잎 겉면의 아주 작은 샘털에서 내는
끈끈액으로 곤충을 붙잡습니다.
곤충이 도망가려고 몸부림칠수록
잎에서 끈끈액이 더 많이 나오고,
잎 가장자리가 안으로 말리며
곤충을 감싸지요.

포르투갈끈끈이주걱
Drosophyllum lusitanicum

불에 탄 땅에서 흔히 발견되는
포르투갈끈끈이주걱은 다른 벌레잡이
식물과 달리 메마른 땅에서 자라기
때문에 뿌리가 특별하게 발달했습니다.
포르투갈끈끈이주걱은 드로소필룸
(*Drosophyllum*) 속에 속하는 하나뿐인
식물입니다. 나선형으로 말린 가늘고
긴 잎에 붉은 샘털이 나 있고, 샘털에서
끈끈액이 나오지요. 끈끈액에는 소화액이
들어 있어서, 샘털에 달라붙은 곤충을
천천히 녹여 영양분을 흡수한답니다.

홑꽃끈끈이주걱
Drosera uniflora

겉으로는 해로워 보이지 않는
홑꽃끈끈이주걱은 위로 곧게 뻗은
하얀 꽃과 잎끝에 맺혀 빛나는
이슬 같은 방울 덕분에 어디에서나
눈에 띕니다. 이 반짝이는 방울은
잎의 샘털에서 흘러나오며, 달콤한
향기가 나고 끈적끈적해서 곤충을
끌어들여 붙잡습니다. 이렇게
꼭 필요한 영양분을 보충하지요.

좀끈끈이주걱
Drosera spatulata

좀끈끈이주걱은 잎이 끈적끈적하고,
숟가락 모양입니다. 곤충이 잎 위에
내려앉으면 샘털을 구부려 곤충을
조이고, 끈끈액으로 녹여서
흡수하지요. 씨앗이 쉽게 싹 트기
때문에 집에서 기르기 쉬운 벌레잡이
식물 중 하나입니다. 일주일에 파리
한 마리 정도를 먹이로 주면 되지만,
좀끈끈이주걱을 괴롭히지 않도록
조심해야 하지요. 자연의 모든
존재와 마찬가지로 섬세한 균형을
존중해야 한답니다.

끈끈이주걱

Drosera rotundifolia

끈끈이주걱은 영양분이 부족하거나
산성이 강한 토양에서 많이 자랍니다.
할머니들은 이 식물이 인후통과
기침을 치료하는 약초라는 걸 잘 알고
있지요. 끈끈이주걱은 둥근 주걱처럼
생긴 잎이 아름답고 예술적이며,
잎 색깔과 반짝반짝 빛나는 방울로
곤충을 유인합니다. 그러고는 곤충의
다리나 날개가 살짝만 닿아도
경보 시스템을 작동하지요.
'드로세라(*Drosera*)'라는 속명은
'이슬이 많은'이라는 뜻의 그리스어
'드로세로스(*droseros*)'에서
따왔으며, 잎을 덮고 있는 샘털에서
나오는 끈적끈적한 접착제 방울과
관련이 있답니다.

케이프끈끈이주걱

Drosera capensis

케이프끈끈이주걱은 잎이 가늘고 아주
깁니다. 잎에는 작은 더듬이처럼 생긴
샘털이 빽빽이 나 있고, 샘털에서
물처럼 보이지만 실제로는 매우
끈적거리는 액체가 나오지요. 그래서
순진한 곤충은 반짝이는 이슬방울을
보았다고 착각하고 가까이 다가왔다가
벗어날 수 없는 매우 느린 죽음을
맞이하게 됩니다.

파리지옥

Dionaea muscipula

파리지옥은 아마도 가장 잘 알려진 벌레잡이
식물일 것입니다. 파리지옥은 공포 영화에
끊임없이 등장하며 때때로 어린 시절의
상상력을 자극해 왔지요. 밝은 녹색과 핏빛
붉은색이 파리지옥을 더 무시무시하게
만들었답니다. 그럼 파리지옥은 어떻게
먹이를 잡는 걸까요? 바로 잎을 덫처럼 써서
곤충을 잡지요. 파리지옥은 잎 가장자리에
작은 가시 돌기가 여러 개 나 있고,
잎 안쪽에는 감지기 역할을 하는 감각털이
세 개씩 나 있습니다. 파리지옥은 양쪽으로
갈라진 잎을 벌리고 있다가 곤충이
잎 사이로 들어와 감각털을 두 번 건드리면
순식간에 잎을 꽉 닫아 곤충을 잡습니다.
이것은 곤충이 건드렸을 때만 닫히는 정교한
경보 시스템으로, 떨어지는 빗방울이나
나뭇잎 따위에는 작동하지 않지요. 우리는
잎을 크게 벌리고 참을성 있게 희생자를
기다리는 파리지옥을 상상할 수 있었습니다.

네펜테스
헴슬리야나
*Nepenthes
hemsleyana*

네펜테스
비칼카라타
*Nepenthes
bicalcarata*

네펜테스 라플레시아나
Nepenthes rafflesiana

네펜테스 막시마
Nepenthes maxima

네펜테스 헴슬리야나

Nepenthes hemsleyana

보르네오섬에서 사는 열대 벌레잡이 식물인 네펜테스
헴슬리야나는 다른 벌레잡이통풀류와 달리 '작은양털박쥐'와
공생합니다. 박쥐에게 쉼터를 제공해 주고, 박쥐의 똥오줌에서
부족한 영양분을 얻지요. 벌레잡이주머니(포충낭) 안쪽은
비교적 깨끗하고 박쥐를 괴롭히는 기생충과 소화액이 거의
없어서 박쥐에게 안전합니다. 박쥐는 여기서 잠을 자고 똥오줌을
누지요. 네펜테스 헴슬리야나는 박쥐가 다른 벌레잡이통풀류와
헷갈리지 않고 자신을 쉽게 찾을 수 있도록 벌레잡이주머니의
입구가 초음파를 잘 반사합니다. 박쥐는 눈이 아니라 초음파로
주변을 인식하지요. 자신이 쏜 초음파를 물체에 반사해 물체와의
거리와 방향을 알아내고, 네펜테스 헴슬리야나를 찾아간답니다.

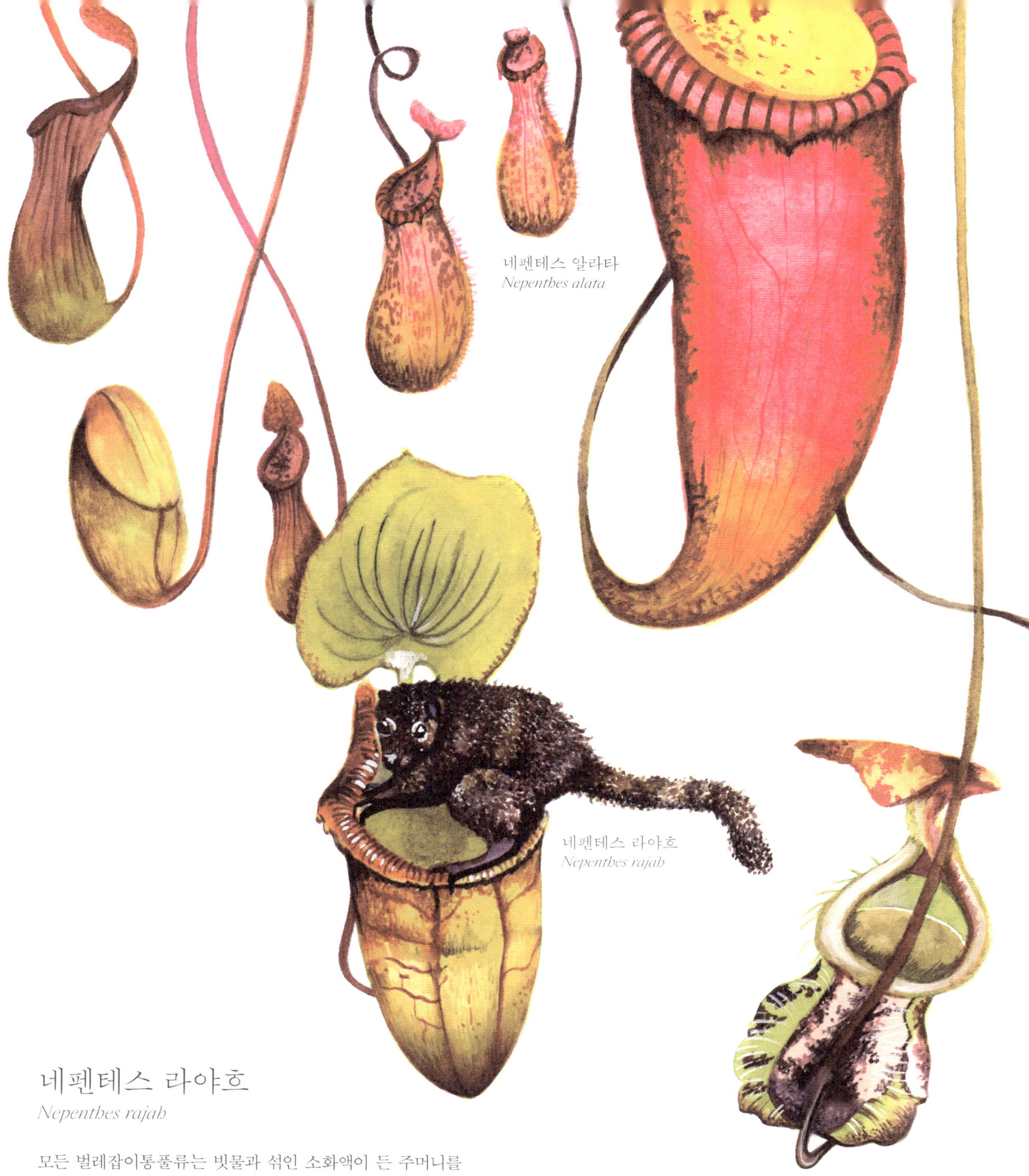

네펜테스 알라타
Nepenthes alata

네펜테스 라야흐
Nepenthes rajah

네펜테스 라플레시아나
Nepenthes rafflesiana

네펜테스 라야흐
Nepenthes rajah

모든 벌레잡이통풀류는 빗물과 섞인 소화액이 든 주머니를
함정으로 이용합니다. 벌레잡이주머니는 크기와 색이 다양한데,
주머니가 큰 네펜테스 라야흐는 쥐나 작은 새, 도마뱀, 개구리
등과 같이 큰 먹이를 잡아먹습니다. 또한 몇몇 네펜테스류와
네펜테스 라야흐는 산나무두더지에게 달콤한 수액을 주고,
산나무두더지의 똥오줌에서 부족한 영양분을 얻기도 하지요.
우리는 벌레잡이통풀류를 찾아 아시아의 보르네오섬을 여행한
메리앤 노스의 발자취를 따르며, 매혹적인 벌레잡이들을
그리는 작업에 흠뻑 빠졌습니다.

트럼펫벌레잡이통풀류

노랑사라세니아(*Sarracenia flava*),
사라세니아 알라타(*Sarracenia alata*),
자주사라세니아(*Sarracenia purpurea*)

트럼펫벌레잡이통풀류는 눈에 띄는 색과 무늬를 가진
나팔 모양 벌레잡이주머니와 달콤한 향기로
곤충을 유인합니다. 벌레잡이주머니는 곤충이
안쪽 깊숙이 들어가기는 쉽지만, 밖으로 빠져나오지는
못하게 생겼지요. 주머니 속으로 떨어진 곤충은 안에
든 소화액에 빠져 죽습니다. 그리고 소화액과 그곳에서
사는 세균에 의해 소화되지요. 트럼펫벌레잡이통풀류의
투명한 망사 느낌의 질감을 그림으로 표현하는 것은
상당히 어려웠답니다.

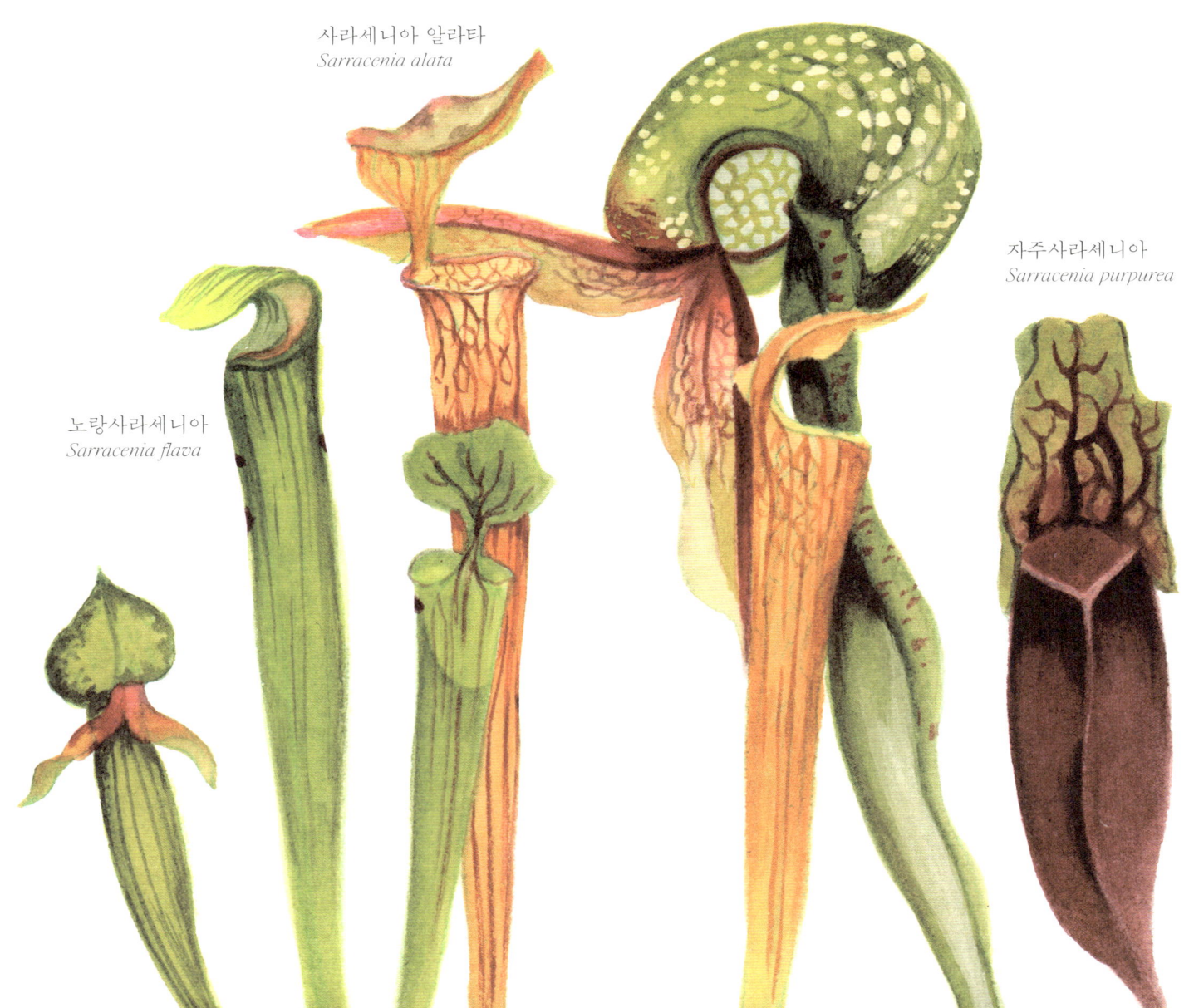

사라세니아 알라타
Sarracenia alata

자주사라세니아
Sarracenia purpurea

노랑사라세니아
Sarracenia flava

코브라풀

Darlingtonia californica

코브라풀은 벌레잡이주머니의 끝이 둥글게 부풀어
머리를 치켜든 코브라를 닮아서 붙은 이름입니다.
코브라풀은 아주 정교한 함정으로 곤충을
잡아먹습니다. 벌레잡이주머니 속에 모인 빗물을
이용해 수동적으로 곤충을 잡는 게 아니라,
뿌리에서 물을 빨아올리거나 물을 내보내며
주머니 속의 물 높이를 스스로 조절하지요.
또한 벌레잡이주머니의 뚜껑은 그물처럼 된 잎맥
사이사이가 투명해서 빛이 다 비칩니다. 주머니 안에
들어간 곤충은 이곳이 출구라고 착각하지요. 곤충은
가짜 출구로 빠져나가려고 계속 노력하다가 지쳐서
물웅덩이, 즉 소화액에 빠지게 됩니다. 코브라풀의
주머니 안에는 늘 반쯤 소화된 곤충이 많이 있지요.
채식주의자가 보면 깜짝 놀랄 광경이랍니다.

코브라풀
Darlingtonia californica

통발

Utricularia vulgaris

통발은 뿌리가 없어 자유롭게 물 위를
떠다니는 수생 식물입니다.
'지구상에서 가장 빠른 식물 사냥꾼'이라는
별명이 있지요. 그러나 물 위로 살짝 보이는
작고 노란 꽃이 순수해 보여, 물속에서
사냥할 거라고는 상상하기 힘듭니다.
통발은 물속에 잠겨 있는 줄기와 잎 부분에
벌레잡이주머니가 여러 개 달려 있습니다.
벌레잡이주머니는 정교한 덫으로, 입구는
문처럼 쓰이는 막으로 되어 있고, 막에는
민감한 감각털이 나 있지요. 지나가던
먹이가 감각털을 건드리면 막이 열리면서
물과 함께 먹이를 빨아들인답니다.

죽음의 덫

정교하게 설계된 죽음의 덫은 매우 효율적입니다.
작은 먹이가 가까이 다가와 벌레잡이주머니 입구에 있는
감각털 중 하나를 건드리면 주머니가 빠르게 열리면서
순식간에 물과 함께 안으로 빨려 들어가지요.
물이 가득 차면 다시 막이 닫히는데, 너무 빠르게 일어나는
일이라 사람의 눈으로는 관찰하기 어렵답니다.

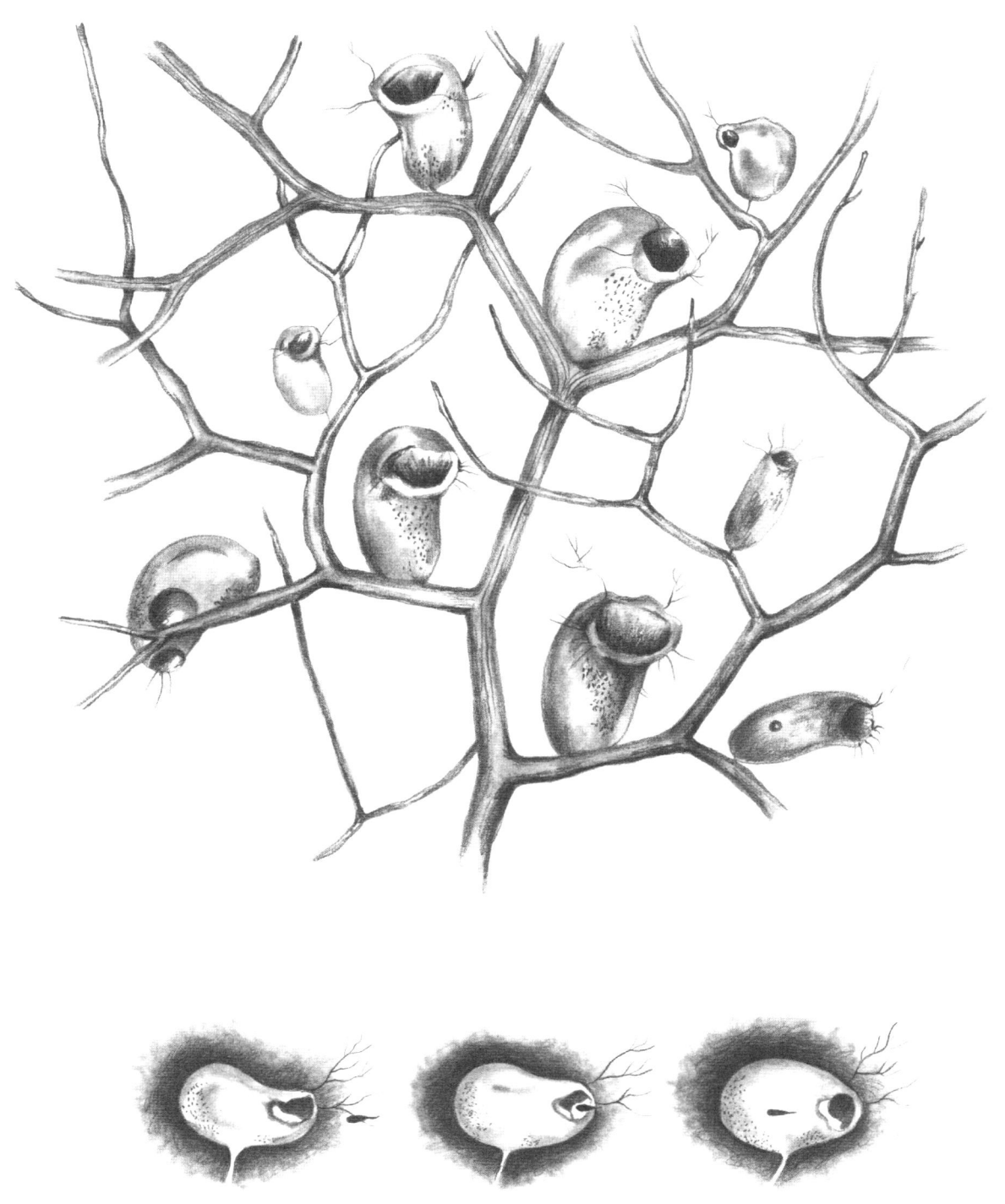

화려한 자들

환각과 환상

이제 나의 가장 큰 목표는
'고산푸야'를 찾는 것이었기 때문에
노새를 타고 가이드와 함께
산으로 올라갔다.
길이 너무 가팔라지자
우리는 노새를 묶어 두고
구름 속으로 곧장 걸어 들어갔다.
구름이 너무 짙어
한 치 앞도 볼 수 없었지만
나는 포기하지 않았고,
마침내 구름이 걷히면서
보상을 받았다.
내 머리 바로 위로
고귀한 꽃의 무리가 보였다.

메리앤 노스

화려한 존재는 정해진 질서 밖에 있는
희귀하고 특이한 존재입니다. 그러나
식물의 세계에서는 꽤 흔해 보입니다.
우리는 자연에 더 귀 기울이고, 자연을
존중하고, 자연으로부터 배우기 위해
이번 여행을 준비했습니다.

우리는 순수한 취향에 따라, 식물학적 특성이나 놀랄 만큼
아름다운 모습으로 깊은 인상을 남기는 식물 몇 가지를
모으기로 했습니다. 거대하고, 오래 살고, 기발하고, 동시에
꽃 피우고, 매력적이기도 하고, 다른 세상에서 온 듯 너무나
훌륭하고, 환각과 환상을 선사하는 식물들이지요.
다양한 식물에는 많은 이야기가 담겨 있고, 식물의 이야기를
잘 보관한 곳도 있습니다. 바로 영국 큐 왕립 식물원이지요.
이 식물원은 넓이가 132만 제곱미터로 광대하고, 수천 개의
표본을 보관하고 있습니다. 그래서 2003년에 유네스코
세계 유산으로 지정되었습니다.
이 유명한 식물원의 온 세계를 다 아우르는 정신에 따라,
우리는 여기에 소개되는 식물이 지구상의 여러 지역에서
자란다는 것을 확인했습니다. 그래서 정원, 숲, 시골, 심지어는
예기치 못한 장소에서도 이런 식물을 경험할 수 있고,
자연의 호화로움에 눈 뜰 수 있게 하고자 했습니다.

시체꽃
Amorphophallus titanum

거대한 시체꽃은 매우 방대하면서도 희귀한 표본들
속에서 자신만의 존재감을 드러냅니다. 시체꽃은 3년에서
10년마다 한 번씩 꽃이 피는데, 이틀 정도 짧게 피었다가
지기 때문에 꽃을 보기가 아주 힘들지요. 그래서
식물원에서 시체꽃이 필 때면 직접 보려는 사람들이
늘 길게 줄을 서서 기다립니다. 우뚝 솟은 꽃은 꽃가루
운반자인 파리류, 딱정벌레류, 심지어 일부 동물을 불러
모으기 위해 고기가 썩는 것 같은 심한 악취를 냅니다.
게다가 열을 내서 악취를 멀리까지 퍼뜨리지요. 시체꽃은
높이가 3미터가 넘을 정도로 거대하고 풍성하며,
세상을 지독한 냄새로 가득 채울 수 있는 여왕입니다.

안데스여왕푸야

Puya raimondii

키가 큰 안데스여왕푸야는 번식력이
뛰어난 여왕으로 불리지만,
삶은 수도자에 가깝습니다.
안데스여왕푸야는 1830년에
해발 3,960미터쯤 되는 볼리비아
코차밤바 지역에서 프랑스 고생물학자
알시드 도르비니가 처음 발견한 것으로
알려졌습니다. 알시드 도르비니는
이상하게 생긴 식물이 무리 지어
자라는 것을 보고 자신이 고산병에
걸려 환각을 본다고 생각했지요.
안데스여왕푸야는 100년 만에
딱 한 번 꽃을 피우고 죽는데, 대략
여섯 달 동안 8,000개가 넘는 꽃이
달린 거대한 꽃대를 만듭니다.
안데스여왕푸야의 꽃들은 안데스산맥
정상에서 아름다운 장관을 이루고,
다양한 벌새류에 의해 꽃가루받이가
되지요. 그러고는 600만 개에서
1,200만 개 정도의 씨앗을
맺는답니다.

푸야류 (*Puya*)

푸야류는 케추아족의 영향을 받은 안데스 지역에서는 차구알레 (chaguale), 마푸체족이 사는 남아메리카의 칠레와 아르헨티나 일부 지역에서는 푸야(puya) 또는 아추팔라(achupalla)로 알려진 식물입니다. 푸야라는 이름은 '뾰족한 끝'을 뜻하는 마푸체어 '푸으야(puüya)'에서 따왔지요. 푸야류는 중앙아메리카의 코스타리카에서 남아메리카의 칠레와 아르헨티나에 이르기까지 다양한 지역과 문명을 가로지르며, 해발 5,000미터 높이에서도 자랍니다. 푸야류는 '파인애플과'에 속하고 틸란드시아류와 친척이며, 가시 달린 길고 가느다란 잎이 줄기에 공 모양으로 붙어 있습니다. 원시적인 모습과 조각 같은 실루엣이 마치 땅속에서 불쑥 솟아난 제단의 불빛처럼 보이지요. 푸야류는 위로 곧게 솟은 하나의 긴 꽃대 둘레에 두껍고 화려한 꽃잎과 풍부한 꽃꿀 그리고 꽃가루를 가진 수많은 꽃이 촘촘하게 모여서 핍니다. 마치 거대한 꽃탑처럼 보이지요. 이 멋진 모습은 달콤한 꽃꿀을 얻기 위해 여러 새들이 이리저리 날아다니며 꽃가루받이를 해 줄 때 완성됩니다. 메리앤 노스는 고산푸야를 찾아 해발 2,000미터가 넘는 안데스산맥을 올랐으며, 그녀가 발견하고 그린 푸야 그림은 큐 왕립 식물원의 '메리앤 노스 갤러리'에서도 눈에 띄는 위치에 전시되어 있습니다.

베누스타푸야
Puya venusta

고산푸야
Puya alpestris subsp. *zoellneri*

민푸야
Puya dasylirioides

로카푸야
Puya loca

칠레푸야
Puya chilensis

시계꽃류(*Passiflora*)

꽃 모양이 시계를 닮아서 우리나라에서는 '시계꽃'이라고 부르지만, 서양에서는 '열정의 꽃'이나 '예수의 수난'이라고 부르는 식물이 있습니다. 아메리카 대륙에 맨 처음 도착한 예수회 선교사들은 독특하게 생긴 '시계꽃류'에 깊은 인상을 받았습니다. 선교사들은 시계꽃류가 '예수의 수난'을 상징한다고 믿었지요. 예컨대 셋으로 갈라진 암술대는 예수를 십자가에 박은 못을, 다섯 개의 수술은 예수의 몸에 난 상처를, 가는 실 모양 덧꽃부리(부화관)는 예수가 쓴 가시 면류관을 나타낸다고 여겼습니다. 그래서 시계꽃류의 속명 '*Passiflora*'을 '수난' 또는 '열정'을 뜻하는 라틴어 '파씨오(*passio*)'에서 따왔지요. 옅은 파란빛의 '시계꽃(*Passiflora caerulea*)'이 가장 널리 알려졌지만, 시계꽃류는 크기도, 색도 아주 여러 가지입니다.

시계꽃
Passiflora caerulea

인카나타시계꽃
Passiflora incarnata

왕관시계꽃
Passiflora alata

칠레시계꽃
Passiflora pinnatistipula

향수시계꽃
Passiflora vitifolia

진홍시계꽃
Passiflora kermesina

아마존빅토리아수련
Victoria amazonica

아마존빅토리아수련은 물속에서 살아가는
수생 식물입니다. 학명의 '빅토리아(*Victoria*)'는
영국 빅토리아 여왕을 기리려고 붙인 이름이지요.
아마존빅토리아수련은 세상에서 가장 큰 잎을
가졌습니다. 다 자란 잎은 지름이 3미터쯤 되고,
잎 위에 40킬로그램 정도를 올려놓아도 찢어지거나
가라앉지 않지요. 아마존빅토리아수련은 커다란
꽃도 흥미롭습니다. 1년에 딱 이틀 동안 밤에만
피는데, 첫째 날은 하얀 꽃이 피고 열을 내면서
진한 과일 향을 내뿜습니다. 어두워서 꽃이 잘

보이지 않더라도, 진한 향기 때문에 꽃이 폈다는
걸 알 수 있지요. 향기에 이끌려 꽃가루 운반자인
딱정벌레류가 찾아오면 꽃잎을 오므려 다음 날
저녁까지 가두어 둡니다. 그사이 꽃가루받이가
되고 꽃잎이 흰색에서 분홍색으로 변하지요.
둘째 날은 분홍 꽃이 피고, 향기를 내뿜지
않습니다. 꽃 속에 갇혀 있던 딱정벌레류는 꽃가루
범벅이 되어 새로 핀 하얀 꽃을 찾아 떠나지요.
다음 날에는 꽃이 시들며 물속으로 가라앉아
열매를 맺는답니다. 이렇게 생명을 이어 가지요.

헬리코니아류(*Heliconia*)

헬리코니아류는 열대의 독특한 아름다움과 생동감이 돋보이는 화려한 식물로, 미국에 맨 처음 상륙한 유럽인의 상상력과 환상을 자극했습니다. 헬리코니아류는 긴 꽃대에 꽃들이 대롱대롱 매달려 있습니다. 그런데 꽃으로 보이는 부분은 사실 꽃을 둘러싸고 있는 잎(포엽)이며, 진짜 꽃은 포엽 안에 작게 피어 있지요. 포엽이 꽃과 꽃꿀을 완전히 숨겨서 벌새와 같은 특별한 새만 꽃에 닿을 수 있답니다. 헬리코니아류는 지역에 따라 바닷가재 발톱, 앵무새꽃, 가짜 극락조 등 다양한 이름으로 불립니다. 헬리코니아류 가운데 많이 알려진 '파투주(*Heliconia rostrata*)'는 웅장한 아마존 열대 우림이 있는 볼리비아의 나라꽃 중 하나이지요.

헬리코니아 그리그시아나
Heliconia griggsiana

헬리코니아 임브리카타
Heliconia imbricata

헬리코니아 마리이
Heliconia mariae

파투주
Heliconia rostrata

대나무류는 우리를 자연스럽게
아시아 태평양 지역으로 이끌었습니다.
대나무류를 살펴보는 것만으로도 삶 속에
대나무를 통합한 고대 문화가 떠올랐지요.
동물과 사람 모두 어린싹인 죽순을 먹습니다.
줄기로는 악기와 각종 생활용품을 만들고,
건축 재료로도 쓰지요. 잎으로는 직물을
만들고, 예술적 영감의 원천이 되기도 합니다.
대나무류는 저항의 상징이 될 정도로
빠르게 자라며 적응력이 매우 뛰어납니다.
전 세계에는 약 1,400종류의 대나무가 있으며,
이름도 다르고 크기와 색도 다양하지요.
무엇보다도 놀라운 것은 대나무류가
서로 멀리 떨어져 있음에도 불구하고,
매우 흥미로운 특성을 공유한다는 것입니다.
마치 어디에 있든지 동시에 하기로
약속한 것처럼 종류마다 다른 간격으로
대규모 또는 집단으로 꽃을 피우지요.

죽순대
Phyllostachys edulis

죽순대는 거대한 대나무류 중 하나로 생활용품을
만드는 데 쓰이며 생태학적, 경제적, 문화적 가치가
매우 큽니다. 어린싹인 죽순을 먹으려고 기르는
경우가 많아서 '죽순대'라고 이름 붙였으며,
'먹다'라는 뜻을 가진 라틴어 '에둘리스(*edulis*)'에서
학명을 따왔습니다. 죽순대는 지구상에서 빨리
자라는 식물 중 하나입니다. 새로운 줄기가 빠르고
꾸준히 자라며, 성장 환경이 절정에 이르면 하루에
1미터씩 자라기도 합니다. 이런 속도로 45일에서
60일 정도면 20미터가 넘게 자라지요.

왕대
Phyllostachys bambusoides

왕대는 120년마다 한 번씩 대규모로 꽃을 피우는
식물입니다. 어디에서 자라든지 이 규칙을 따르고
있지요. 왕대의 집단 개화 현상은 서기 999년부터
시작해 1960년까지의 기록이 남아 있습니다.
식물의 세계는 서로 연결되어 있습니다. 서로
수천 킬로미터 떨어져 있음에도 불구하고 어떻게
지구 전역에 있는 왕대가 몇 년 안에 모두 꽃을
피우는 것이 가능한지 사람의 힘으로는 이해하기
힘들지요. 왕대가 이렇게 대규모로 꽃을 피우는
이유는 엄청난 수의 씨앗을 만들기 위해서입니다.
왕대는 꽃을 피운 후 말라 죽지만, 새로운 씨앗에서
싹이 터 생명의 주기는 계속되지요.

퀼라대나무
Chusquea quila

퀼라대나무는 대나무류의 가까운 친척입니다.
퀼라대나무는 60년에서 70년마다 한 번씩
대규모로 꽃을 피운 다음 모두 한꺼번에 죽지요.
그런데 더 짧게 10년에서 30년마다 꽃을 피운다는
기록도 있습니다. 칠레의 남쪽에서는 퀼라대나무가
1989년에서 1995년 사이에 마지막으로 꽃을
피웠습니다. 이에 따라 퀼라대나무의 씨앗이
많아졌고, 쥐와 같은 설치류의 수가 폭발적으로
늘어났으며, 수천 마리의 설치류가 농작물을
먹어 치웠지요. 그런데 설치류의 증가뿐만
아니라, 죽어서 말라 가는 퀼라대나무도 큰
골칫거리였습니다. 엄청난 양의 마른 퀼라대나무
때문에 불이 날 위험이 커졌기 때문이지요.

한눈에 보기

식물 정보

국명: 서양민들레
학명: *Taraxacum officinale*
(라틴어 '*oficinal*'은 '공식적인'이라는 뜻으로, 약과 관련된 종을 나타낸다.)
과: 국화과(Asteraceae)
원산지: 유라시아
크기: 높이 약 40cm

국명: 금영화
학명: *Eschscholzia californica*
과: 현호색과(Fumariaceae)
원산지: 북아메리카, 특히 캘리포니아
크기: 높이 약 30~60cm

국명: 스카이탄투스 아쿠투스
학명: *Skytanthus acutus*
과: 협죽도과(Apocynaceae)
원산지: 칠레 고유종으로 칠레에서만 자연적으로 자란다.
크기: 최대 높이 약 1m

국명: 문플라워선인장
학명: *Selenicereus wittii*
(달의 여신인 '셀레네(Selene)'와 '횃불'을 뜻하는 라틴어 '*cereus*'에서 따왔다.)
과: 선인장과(Cactaceae)
원산지: 아마존 열대우림, 브라질
크기: 납작한 줄기 부분의 최대 길이는 약 60cm, 두께는 약 2~4mm이다.

국명: 사리풀
학명: *Hyoscyamus niger*
과: 가지과(Solanaceae)
원산지: 유라시아
크기: 최대 높이 약 1.5m

국명: 피마자
학명: *Ricinus communis*
과: 대극과(Euphorbiaceae)
원산지: 아프리카
크기: 높이 약 3~10m

국명: 디기탈리스
학명: *Digitalis purpurea*
과: 현삼과 (Scrophulariaceae)
원산지: 유럽, 동북아프리카, 아시아. 오늘날은 습지의 거의 모든 곳에서 발견된다.
크기: 2년이면 줄기가 50~150cm 정도 자란다.

국명: 양귀비
학명: *Papaver somniferum*
(라틴어 '*somniferum*'은 '수면제'를 뜻한다.)
과: 양귀비과 (Papaveraceae)
원산지: 지중해 남부와 동부에서 전 세계로 퍼졌다.
크기: 높이 약 30~70cm

국명: 독말풀
학명: *Datura stramonium*
과: 가지과(Solanaceae)
원산지: 멕시코로 추정
크기: 높이 약 30~100cm

국명: 맨드레이크
학명: *Mandragora autumnalis*
과: 가지과(Solanaceae)
원산지: 지중해 지역
크기: 최대 높이 약 30cm

국명: 미국흰노루삼
학명: *Actaea pachypoda*
과: 미나리아재비과 (Ranunculaceae)
원산지: 북아메리카
크기: 높이 약 40~75cm

국명: 왕서각
학명: *Stapelia gigantea*
과: 협죽도과(Apocynaceae)
원산지: 남아프리카
크기: 꽃 지름 최대 40cm

국명: 우각
학명: *Orbea variegata*
(이명 *Stapelia variegata*)
과: 협죽도과(Apocynaceae)
원산지: 남아프리카
크기: 꽃의 지름 8cm

국명: 협죽도
학명: *Nerium oleander*
과: 협죽도과(Apocynaceae)
원산지: 유럽 지중해의 넓은 지역에서 아시아로 퍼졌다.
크기: 최대 높이 약 6m

국명: 나도독미나리
학명: *Conium maculatum*
(그리스어 '*Maculatum*'은 '얼룩점'을 뜻하며 줄기에 있는 적갈색 색소를 나타낸다. 이것은 당근이나 파스닙 같은 비슷한 식물과 구별되는 특징이다.)
과: 미나리과(Apiaceae)
원산지: 유라시아, 북아프리카
크기: 최대 높이 약 2.5m

국명: 마옥
학명: *Lapidaria margaretae*
('돌'을 뜻하는 라틴어 '*lapis*'에서 따왔다.)
과: 번행초과(Aizoaceae)
원산지: 남아프리카와 나미비아
크기: 높이 약 8cm

국명: 천녀
학명: *Titanopsis calcarea*
과: 번행초과(Aizoaceae)
원산지: 남아프리카
크기: 높이 약 4cm

국명: 서우각
학명: *Stapelia hirsuta*
과: 협죽도과(Apocynaceae)
원산지: 남아프리카
크기: 줄기 높이 약 20cm

국명: 리톱스류
학명: *Lithops*
(그리스어 '*lithos*'는 '돌'을 뜻한다.)
과: 번행초과(Aizoaceae)
원산지: 남아프리카의 건조 지역
크기: 지름 1~3cm

국명: 군옥
학명: *Fenestraria rhopalophylla* subsp. *aurantiaca*
과: 번행초과(Aizoaceae)
원산지: 남아프리카의 바닷가
크기: 높이 약 5~7cm

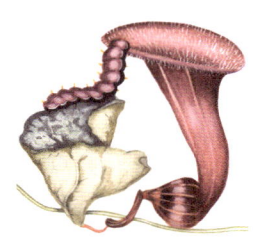

국명: 칠레쥐방울덩굴
학명: *Aristolochia chilensis*
과: 쥐방울덩굴과 (Aristolochiaceae)
원산지: 칠레 고유종이라 '칠렌시스(*chilensis*)'라고 이름 붙였다.
크기: 줄기 길이 약 40~100cm

국명: 꿀벌난초
학명: *Ophrys apifera*
과: 난초과(Orchidaceae)
원산지: 유럽, 북아프리카 및 중동 일부 지역
크기: 높이 약 30cm

국명: 원숭이난초
학명: *Dracula simia*
(드라큘라(*Dracula*)는 '작은 용'을 뜻하며, 긴 송곳니 모양의 꽃잎을 가리킨다.)
과: 난초과(Orchidaceae)
원산지: 중앙아메리카
크기: 꽃 길이 약 5~15cm

국명: 오리난초
학명: *Caleana major*
과: 난초과(Orchidaceae)
원산지: 오스트레일리아
크기: 높이 약 20~40cm, 꽃 길이 약 2.5cm

국명: 파리난초
학명: *Ophrys insectifera*
과: 난초과(Orchidaceae)
원산지: 유럽 전역
크기: 줄기 높이 약 10~60cm

국명: 히드노라 아프리카나
학명: *Hydnora africana*
과: 히드노라아과 (Hydnoraceae)
원산지: 이름에서 알 수 있듯이 일반적으로 아프리카 대륙 남쪽 출신이다.
크기: 땅 위로 튀어나온 부분의 높이 약 10~15cm

국명: 북미앉은부채
학명: *Symplocarpus foetidus*
과: 천남성과(Araceae)
원산지: 북아메리카의 온타리오와 퀘벡에서 노스캐롤라이나와 테네시까지. 그리고 동북아시아
크기: 잎 길이 약 40~55cm

국명: 자이언트라플레시아
학명: *Rafflesia arnoldii*
과: 라플레시아과 (Rafflesiaceae)
원산지: 인도네시아의 숲, 특히 수마트라와 보르네오섬
크기: 최대 꽃 지름 약 1.11m ('가장 큰 단일 꽃'으로 2020년에 기네스북에 올랐다.)

국명: 카멜레온으름덩굴
학명: *Boquila trifoliolata*
(잎이 3장씩 모여나서 '트리폴리오라타 (*trifoliolata*)'라고 이름 붙였다.)
과: 으름덩굴과 (Lardizabalaceae)
원산지: 칠레와 아르헨티나
크기: 높이 약 1~2m

국명: 틸란드시아 애란토스
학명: *Tillandsia aeranthos*
과: 파인애플과 (Bromeliaceae)
원산지: 남아메리카 (아르헨티나, 브라질, 에콰도르, 파라과이, 우루과이)
크기: 높이 약 20cm

국명: 틸란드시아 카우츠키
학명: *Tillandsia kautskyi*
과: 파인애플과 (Bromeliaceae)
원산지: 브라질 고유종
크기: 높이 약 4~10cm

국명: 수염틸란드시아
학명: *Tillandsia usneoides*
(송라속(*Usnea*)의 지의류와 닮았기 때문에 '우스네오이데스 (*usneoides*)'라고 이름 붙였다.)
과: 파인애플과 (Bromeliaceae)
원산지: 미국에서 아르헨티나와 칠레의 최남단까지
크기: 줄기는 최대 길이 약 8m, 너비 약 1mm로 매우 가늘다.

국명: 틸란드시아 이오난사
학명: *Tillandsia ionantha*
('보라색(ion)'과 '꽃(anthos)'을 뜻하는 그리스어에서 따왔다.)
과: 파인애플과 (Bromeliaceae)
원산지: 멕시코, 과테말라, 엘살바도르, 온두라스, 니카라과, 코스타리카, 파나마
크기: 높이 약 5~10cm

국명: 틸란드시아 카풋메두사
학명: *Tillandsia caput-medusae*
과: 파인애플과 (Bromeliaceae)
원산지: 멕시코에서 파나마까지
크기: 잎 길이 약 5~25cm

국명: 틸란드시아 랜드베키
학명: *Tillandsia landbeckii*
과: 파인애플과 (Bromeliaceae)
원산지: 칠레와 페루의 해안
크기: 꽃줄기를 포함해서 최대 높이 약 30cm

국명: 틸란드시아 스타버스트
학명: *Tillandsia starburst*
(*T. brachycaulos* × *T. schiedeana*)
과: 파인애플과 (Bromeliaceae)
원산지: (교잡종)
크기: 최대 높이 약 30cm

국명: 선인장겨우살이
학명: *Tristerix aphyllus*
(그리스어 'aphyllus'는 '잎이 없는'을 뜻한다.)
과: 꼬리겨우살이과 (Loranthaceae)
원산지: 칠레
크기: 줄기 길이 약 5~20cm

국명: 덤불퉁퉁마디
학명: *Salicornia fruticosa*
과: 명아주과 (Chenopodiaceae)
원산지: 유라시아, 북아프리카
크기: 최대 높이 약 1.5m

국명: 오로반체 라모사
학명: *Orobanche ramosa*
과: 열당과(Orobanchaceae)
원산지: 유럽과 아프리카
크기: 높이 약 15~45cm

국명: 속새
학명: *Equisetum hyemale*
과: 속새과(Equisetaceae)
원산지: 북반구 전역
크기: 줄기 최대 높이 약 90cm

국명: 부활초
학명: *Selaginella lepidophylla*
과: 부처손과 (Selaginellaceae)
원산지: 멕시코 북부의 치와와 사막
크기: 지름 약 5~10cm

국명: 노란수레국화
학명: *Centaurea solstitialis*
과: 국화과(Asteraceae)
원산지: 유럽
크기: 줄기 최대 높이 약 2m

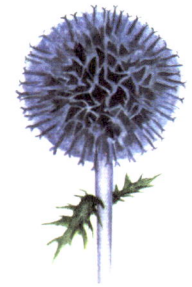

국명: 공절굿대
학명: *Echinops ritro*
과: 국화과(Asteraceae)
원산지: 유럽과 아시아의 특정 지역
크기: 높이 약 10~40cm

국명: 카나다엉겅퀴
학명: *Cirsium arvense*
과: 국화과(Asteraceae)
원산지: 유라시아와 북아메리카
크기: 줄기 최대 높이 약 1.5m

국명: 서양가시엉겅퀴
학명: *Cirsium vulgare*
과: 국화과(Asteraceae)
원산지: 유럽, 서아시아
(스코틀랜드의 나라꽃이다.)
크기: 줄기 최대 높이 약 1.5m

국명: 이탈리아엉겅퀴
학명: *Carduus pycnocephalus*
과: 국화과(Asteraceae)
원산지: 유라시아
크기: 최대 높이 약 1.2m

국명: 흰무늬엉겅퀴
학명: *Silybum marianum*
과: 국화과(Asteraceae)
원산지: 지중해에서 자주 발견되지만 이미 전 세계에 귀화했다.
크기: 높이 약 1.5m 에 쉽게 도달한다.

국명: 사향엉겅퀴
학명: *Carduus thoermeri*
(이명 *Carduus nutans*)
과: 국화과(Asteraceae)
원산지: 유럽
크기: 줄기 최대 높이 약 2m

국명: 서양메꽃
학명: *Convolvulus arvensis*
과: 메꽃과(Convolvulaceae)
원산지: 유럽
크기: 줄기 높이 약 0.3~2m

국명: 유럽가시금작화
학명: *Ulex europaeus*
과: 콩과(Fabaceae)
원산지: 이름에서 알 수 있듯이 유럽 출신이다.
크기: 줄기 최대 높이 약 3m

국명: 남극벌레잡이제비꽃
학명: *Pinguicula antarctica*
과: 통발과(Lentibulariaceae)
원산지: 칠레와 아르헨티나 남부의 이탄 습지
크기: 높이 약 5~10cm

국명: 벌레잡이제비꽃
학명: *Pinguicula vulgaris*
('기름기가 많은 것'을 뜻하는 라틴어 '*pinguis*'에서 따왔다.)
과: 통발과(Lentibulariaceae)
원산지: 거의 모든 유럽 국가 및 북반구의 기타 지역
크기: 높이 약 3~15cm

국명: 포르투갈끈끈이주걱
학명: *Drosophyllum lusitanicum*
과: 드로소필룸과(Drosophyllaceae)
원산지: 스페인, 포르투갈, 모로코. 가장 많이 발견되는 곳은 지브롤터 해협이다.
크기: 높이 약 50cm 미만

국명: 홑꽃끈끈이주걱
학명: *Drosera uniflora*
(하얀 꽃이 한 송이씩 핀다고 해서 '유니플로라(*uniflora*)'라고 부른다.)
과: 끈끈이귀개과(Droseraceae)
원산지: 남아메리카 (아르헨티나와 칠레의 이탄 습지 지역에서 발견된다.)
크기: 최대 높이 약 3cm

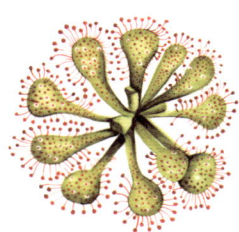

국명: 좀끈끈이주걱
학명: *Drosera spatulata*
과: 끈끈이귀개과(Droseraceae)
원산지: 아시아(중국과 일본), 오스트레일리아와 뉴질랜드에서도 발견된다.
크기: 높이 약 2~7cm

국명: 끈끈이주걱
학명: *Drosera rotundifolia*
과: 끈끈이귀개과(Droseraceae)
원산지: 북반구, 심지어 시베리아, 북아메리카, 한국, 일본의 습지와 이탄 습지
크기: 최대 높이 약 15cm

국명: 케이프끈끈이주걱
학명: *Drosera capensis*
과: 끈끈이귀개과(Droseraceae)
원산지: 남아프리카 케이프주의 고유종이라 '카펜시스(*Capensis*)'라고 이름 붙였다.
크기: 높이 약 30cm

국명: 파리지옥
학명: *Dionaea muscipula*
과: 끈끈이귀개과
(Droseraceae)
원산지: 미국 남동부
크기: 최대 높이 약 10cm

국명: 네펜테스 라야흐
학명: *Nepenthes rajah*
과: 벌레잡이통풀과
(Nepenthaceae)
원산지: 보르네오섬의 고유종
크기: 벌레잡이주머니 길이
약 35cm, 들어 있는 액체의
양 3L(전체 식물은 더 크다.)

국명: 네펜테스 라플레시아나
학명: *Nepenthes rafflesiana*
과: 벌레잡이통풀과
(Nepenthaceae)
원산지: 수마트라,
말레이시아, 보르네오섬
크기: 벌레잡이주머니
길이 약 20cm

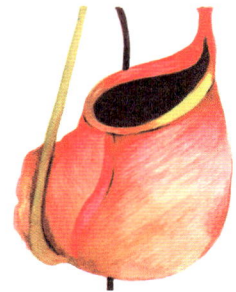

국명: 네펜테스 비칼카라타
학명: *Nepenthes bicalcarata*
과: 벌레잡이통풀과
(Nepenthaceae)
원산지: 보르네오섬
크기: 벌레잡이주머니
최대 길이 약 25cm

국명: 네펜테스 막시마
학명: *Nepenthes maxima*
과: 벌레잡이통풀과
(Nepenthaceae)
원산지: 술라웨시섬, 말루쿠
제도, 파푸아 뉴기니 사이
크기: 벌레잡이주머니
길이 약 30cm(개체마다
차이가 많이 난다.)

국명: 네펜테스 알라타
학명: *Nepenthes alata*
과: 벌레잡이통풀과
(Nepenthaceae)
원산지: 필리핀
크기: 벌레잡이주머니
길이 약 18~20cm

국명: 네펜테스 헴슬리야나
학명: *Nepenthes hemsleyana*
과: 벌레잡이통풀과
(Nepenthaceae)
원산지: 보르네오섬
크기: 벌레잡이주머니 길이
약 20cm, 최대 길이 25cm

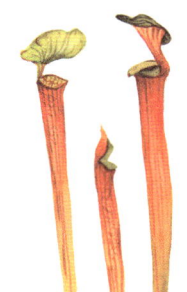

국명: 트럼펫벌레잡이통풀류
학명: *Sarracenia flava
/ Sarracenia alata
/ Sarracenia purpurea*
과: 사라세니아과
(Sarraceniaceae)
원산지: 모두 북아메리카
크기: *S. flava*의 높이
약 50~100cm / *S.
alata*의 높이 약 80cm
이상 / *S. purpurea*
의 높이 약 30cm 이상

국명: 코브라풀
학명: *Darlingtonia californica*
과: 사라세니아과
(Sarraceniaceae)
원산지: 미국
캘리포니아주와
오리건주의 고유종
크기: 최대 높이 약 1m

국명: 통발
학명: *Utricularia vulgaris*
(라틴어 '*utriculus*'는
'작은 주머니'를 뜻한다.)
과: 통발과
(Lentibulariaceae)
원산지: 유럽 전역
크기: 길이 약 2.5m

국명: 시체꽃
학명: *Amorphophallus titanum*
과: 천남성과(Araceae)
(갈라와 필로덴드론류의
친척이다.)
원산지: 수마트라의 열대 우림
크기: 최대 꽃 높이 약 3.1m
('가장 키가 큰 꽃'으로
2010년에 기네스북에 올랐다.)

국명: 안데스여왕푸야
학명: *Puya raimondii*
과: 파인애플과
(Bromeliaceae)
원산지: 페루와 볼리비아의
고산 지대 고유종
크기: 높이 약 3~4m,
꽃대 포함 최대 높이 약 12m

국명: 베누스타푸야
학명: *Puya venusta*
과: 파인애플과
(Bromeliaceae)
원산지: 칠레 고유종
크기: 꽃대 높이 약 1~1.5m

국명: 고산푸야
학명: *Puya alpestris*
subsp. *zoellneri*
(이명 *Puya berteroniana*)
과: 파인애플과
(Bromeliaceae)
원산지: 칠레 고유종
크기: 높이 약 2.5~4m

국명: 민푸야
학명: *Puya*
dasylirioides
과: 파인애플과
(Bromeliaceae)
원산지: 코스타리카 고유종
크기: 잎 가장자리에 가시가
없는 독특한 푸야. 꽃대
포함 최대 높이 약 3m

국명: 로카푸야
학명: *Puya loca*
(빠르고 신나는 리듬의 콜롬비아
노래 제목을 본떠 이름 지었다.
스페인어 'loca'는 '괴짜'를 뜻한다.)
과: 파인애플과(Bromeliaceae)
원산지: 콜롬비아
크기: 높이 약 1~1.2m

국명: 칠레푸야
학명: *Puya chilensis*
과: 파인애플과
(Bromeliaceae)
원산지: 칠레 고유종
크기: 꽃대 최대 높이 약 5m

국명: 시계꽃
학명: *Passiflora*
caerulea
과: 시계꽃과
(Passifloraceae)
원산지: 남아메리카,
특히 아르헨티나
크기: 덩굴줄기 최대
길이 약 10m

국명: 인카나타시계꽃
학명: *Passiflora*
incarnata
과: 시계꽃과
(Passifloraceae)
원산지: 열대 아메리카, 미국
크기: 덩굴줄기 최대
길이 약 8m

국명: 왕관시계꽃
학명: *Passiflora alata*
과: 시계꽃과
(Passifloraceae)
원산지: 브라질의
아마조나스주
크기: 덩굴줄기 최대
길이 약 4~8m

국명: 칠레시계꽃
학명: *Passiflora*
pinnatistipula
과: 시계꽃과
(Passifloraceae)
원산지: 칠레와 페루
크기: 덩굴줄기 최대
길이 약 15m

국명: 향수시계꽃
학명: *Passiflora*
vitifolia
과: 시계꽃과
(Passifloraceae)
원산지: 중앙아메리카
남부와 남아메리카 북부
크기: 덩굴줄기 최대
길이 약 8m

국명: 진홍시계꽃
학명: *Passiflora*
kermesina
과: 시계꽃과
(Passifloraceae)
원산지: 브라질
크기: 덩굴줄기 최대
길이 야생에서 약 8m,
재배하면 약 5m

국명: 아마존빅토리아수련
학명: *Victoria amazonica*
(이명 *Victoria regia*)
(영국 빅토리아 여왕에게
바친 이름이다.)
과: 수련과(Nymphaeaceae)
원산지: 아마존강, 페루,
브라질 등 남아메리카의 나라
크기: 둥근 잎 최대 지름 약 3m

국명: 파투주
학명: *Heliconia rostrata*
과: 헬리코니아과
(Heliconiaceae)
원산지: 열대 우림
크기: 높이 약 1.5~3m

국명: 헬리코니아 임브리카타
학명: *Heliconia imbricata*
과: 헬리코니아과
(Heliconiaceae)
원산지: 코스타리카에서
콜롬비아에 이르는
중앙아메리카
크기: 높이 약 3.5~6m

국명: 헬리코니아 마리이
학명: *Heliconia mariae*
과: 헬리코니아과
(Heliconiaceae)
원산지: 중앙아메리카와
남아메리카 일부
크기: 최대 높이 약 7m

국명: 헬리코니아
그리그시아나
학명: *Heliconia griggsiana*
과: 헬리코니아과
(Heliconiaceae)
원산지: 콜롬비아와
에콰도르의 산악
정글과 안개 낀 숲
크기: 최대 높이 약 9m

국명: 죽순대
학명: *Phyllostachys edulis*
(라틴어 *'edulis'*는
'먹다'를 뜻한다.)
과: 벼과(Poaceae)
원산지: 중국
크기: 최대 높이 약 28m

국명: 왕대
학명: *Phyllostachys bambusoides*
(이명 *Phyllostachys reticulata*)
과: 벼과(Poaceae)
원산지: 중국, 일본
크기: 최대 높이 약 20m

국명: 퀼라대나무
학명: *Chusquea quila*
과: 벼과(Poaceae)
원산지: 칠레
크기: 주변의 나무에
기대어 굽은 형태로 높이
약 10m까지 자란다.

식물 지도

북아메리카

태평양

대서양

남아메리카

이 식물 지도는 자연에서
각각의 식물이 주로 어디에
사는지를 보여 주는 것으로,
지도에 표시되지 않은
곳에서도 식물이 발견될 수
있습니다. 어떤 경우에는 같은
무리의 대표 식물 하나만
선택해서 표시했습니다.

중앙아메리카와 남아메리카

스카이탄투스 아쿠투스
틸란드시아류
문플라워선인장
아마존빅토리아수련
칠레쥐방울덩굴
원숭이난초
시계꽃류
카멜레온으름덩굴
헬리코니아류
푸야류
퀼라대나무
선인장겨우살이
안데스여왕푸야
홀꽃끈끈이주걱

북아메리카

독말풀
북미앉은부채
금영화
인카나타시계꽃
코브라풀
미국흰노루삼
부활초
트럼펫벌레잡이통풀류
파리지옥

유 럽

아 시 아

아 프 리 카

인 도 양

오 세 아 니 아

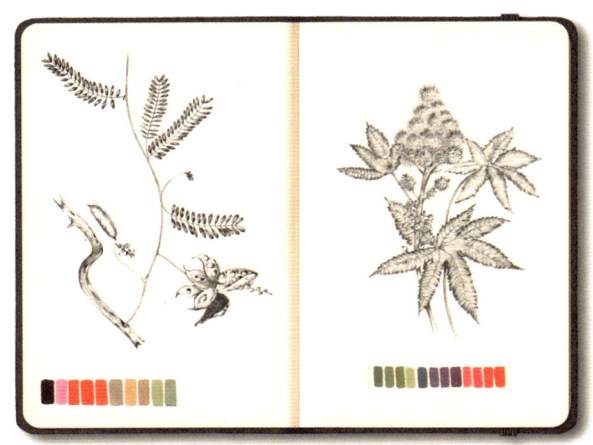

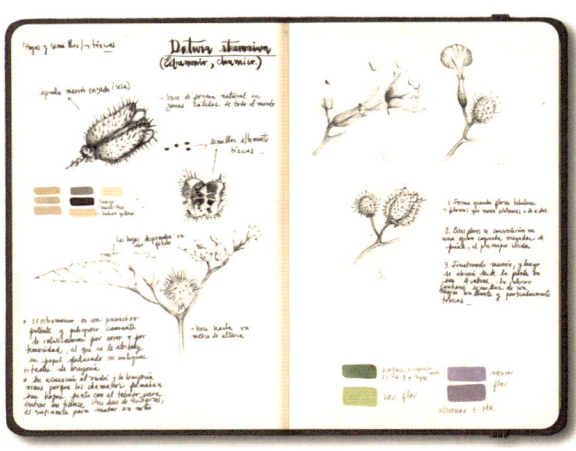

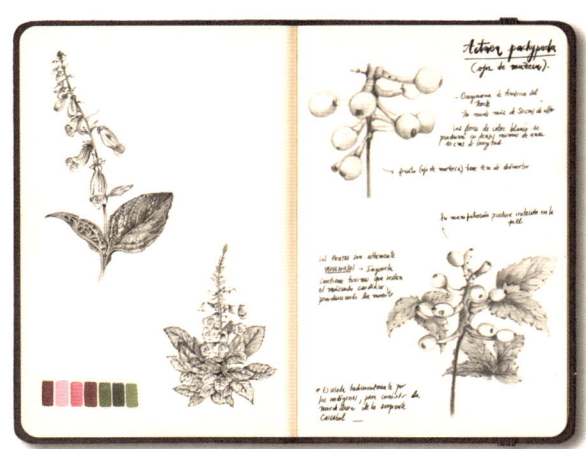

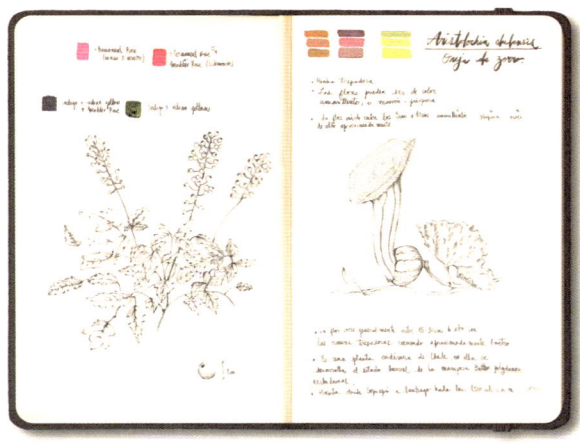

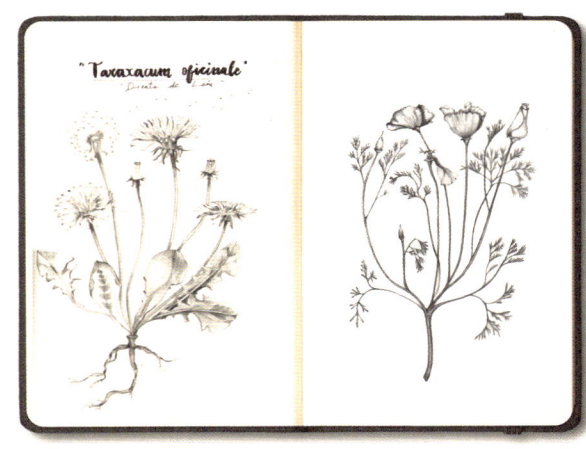

칠레푸야
Puya chilensis

작가 소개

조세피나 헵은 스코틀랜드 에든버러에서 태어났으며, 농학자이자
작가입니다. 자연과 책이 삶의 일부였고, 운이 좋게도
숲과 잎이 무성한 정원으로 둘러싸인 칠레 남부에서 많은
시간을 보냈답니다. 몇 년 전, 건조한 지역 중 하나인 칠레 북부
지역에 큰 매력을 느꼈습니다. 그래서 안개가 자욱한 오아시스나
산발적으로 비가 내린 뒤에야 꽃이 피는 사막처럼 극한의
조건에서 살아가는 식물의 씨앗을 연구하게 되었습니다.
지금은 과학 연구원으로서 지중해성 기후 지역의 식물원
프로젝트를 진행하고 있으며, 칠레의 아타카마 사막에 초점을
맞춘 복합 학문 센터에서도 일합니다. 또한 스승인 세실리아
뷰샤트가 운영하는 동화책 워크숍에 참여하여, 종종 과학과
예술계의 다른 여성들과 협력하여 소설과 정보책을 쓰고는
합니다. 지구상의 생명체가 지닌 다양한 형태와 기능에 대해
끊임없이 놀라며, 언젠가 나미브 사막, 남아프리카의 케이프반도,
소노라 사막, 남극 대륙, 예멘의 소코트라섬 등 이국적인 곳으로
여행하길 바라고 있답니다. 이 책을 만드는 동안, 과거의 담대한
탐험가들이 걸어온 길과 이야기를 따라가며 책에 담을 과학적
내용과 식물을 선택하는 일을 맡았습니다.
@josefinahepp

비비안 라빈은 칠레 산티아고에서 태어났으며, 저널리스트이자 문학 에이전트와 편집자입니다. 2001년부터 예술과 과학 분야에서 글을 쓰고 활동하는 사람들을 인터뷰하는 문학 라디오 프로그램 '비행하는 펜(Vuelan las Plumas)'을 진행하고 있으며, 이 인터뷰를 바탕으로 세 권의 책을 썼습니다. 또한 너무 가슴 아픈 글인, 칠레 독재 정권의 정치범 세 명의 증언을 바탕으로 한 『피노체트 감옥에 갇힌 여성들』이란 책도 썼습니다. 2015년부터 '기억하는 여인들'이라는 이름으로 인권과 관련된 인터뷰와 회의 등을 열었습니다. 뒤늦게 페미니스트 활동을 시작했는데, 세 딸이 이런 인식에 매우 큰 영향을 미쳤다고 합니다. 몇 년 전에는 라틴 아메리카와 전 세계, 특히 아시아 태평양 지역의 재능 있는 작가와 일러스트레이터의 작품을 알리는 문학 대행사인 'VLP 에이전시'를 만들었고, 2017년에는 칠레 언어 아카데미상을 받았습니다. 어느 날, 마푸체족의 신성한 나무이자 마법적 상징성을 지닌 카넬로나무가 정원에서 저절로 자라기 시작했는데, 카넬로나무의 탄생을 대지의 축복이라고 여겼답니다. 조세피나 헵과 함께 이 책에 글을 썼습니다.
@vivianlavin

마리아 호세 아르세는 칠레 산티아고에서 태어났으며, 일러스트레이터입니다. 대학에서 건축을 전공한 뒤, 칠레와 해외에서 전문적으로 일러스트레이션을 공부했습니다. 그동안 아동 도서와 성인 도서 모두에 그림을 그렸고, 가장 좋아하는 기법인 수채화를 통해 식물 그림 및 회화에 대한 지식을 넓혔습니다. 지금은 전문 일러스트레이터로 활동하며, 다른 사람들과 기술을 공유하는 워크숍도 진행하고 있습니다. 어린 시절부터 자연과 정원은 편안한 안식처이자 동료였습니다. 어머니로부터 식물에 대한 관심과 애정, 그리고 식물 하나하나에 깃든 완벽한 아름다움을 배웠답니다. 작품에는 항상 환경에 대한 사랑과 관심, 존중이 담겨 있습니다. 이 책에서는 고유한 아름다움이나 지능적인 행동을 가진 식물을 그림으로 그렸습니다. 수채화로 전통적인 식물 그림보다 더 자유롭게 각 식물의 특징을 표현해 생기를 불어넣었습니다. 식물에 대한 관찰과 배움의 과정을 '여행 노트'에 담았는데, 사용한 색상, 다양한 질감에 대한 고민, 사용된 기법뿐만 아니라, 흥미로웠던 점이나 자연과의 친밀한 만남에서 느낀 감정 등 모든 것을 기록했답니다.
@josailustraciones

참고 문헌

Antoniades, I. (2016). Kew's Forgotten Queen. TV 영화. BBC 4. 영국. 60분.

Bandara, V., Weinstein, S.A., White, J. & M. Eddleston. (2010). A review of the natural history, toxinology, diagnosis and clinical management of Nerium oleander (common oleander) and Thevetia peruviana (yellow oleander) poisoning. Toxicon 56: 273-281.

Barthlott, W., Porembski, S., Kluge, M., Hopke, J. & L. Schmidt. (1997). Selenicereus wittii (Cactaceae): an epiphyte adapted to Amazonian Igapó inundation forests. Plant Systematics and Evolution 206: 175-185.

Barthlott, W., Szarzynski, J., Vlek, P., Lobin, W. & N. Korotkova. (2009). A torch in the rain forest: thermogenesis of the Titan arum (Amorphophallus titanum). Plant Biology 11: 499-505.

Bhalla, A., Thirumalaikolundusubramanian, P., Fung, J., Cordero-Schmidt, G., Soghoian, S., Kaur Sikka, V., Singh Dhindsa, H. & S. Singh. 2015. Native Medicines and Cardiovascular Toxicity. The Heart and Toxins. chap 6: 175-202.

Bolin, J.F., Maass, E. & L.J. Musselman. (2009). Pollination Biology of Hydnora africana Thunb. (Hydnoraceae) in Namibia: Brood-site mimicry with insect imprisonment. International Journal of Plant Sciences 170: 157-163.

Claessens, J. & J. Kleynen. (2002). Investigations on the autogamy in Ophrys apifera Hudson. Jber. naturwiss. Ver. Wuppertal 55: 62-77.

Darwin, C.R. (1875). Insectivorous Plants. London: John Murray.
http://darwin-online.org.uk/content/frameset?itemID=F1217&viewtype=text&pageseq=1

De Martino, M. (2012). Margaret Mee and the Moonflower. 다큐멘터리 영화. E.H. Filmes. 브라질. 78분.

Du Plessis, M. (2017). Pollination ecology and the functional significance of unusual floral traits in two South African stapeliads. Tesis de Maestría en Ciencias, Universidad de KwaZulu-Natal. 111.

Echenique, A. & M.V. Legassa. (1999). La flora chilena en la mirada de Marianne North—1884. Pehuén Editores, Santiago de Chile. 132.

Elgorriaga, A., Escapa, I.H., Rothwell, G.W., Tomescu, A.M.F. & N.R. Cúneo. (2018). Origin of Equisetum: Evolution of horsetails (Equisetales) within the major euphyllophyte clade Sphenopsida. American Journal of Botany 105: 1-18.

Endara, L., Grimaldi, D.A. & B.A. Roy. (2010). Lord of the Flies: Pollination of Dracula orchids. Lankesteriana 10: 1-11.

Fernández García, M., Alonso Álvarez, P., Gros Bañeres, B. & V. Bertol Alegre. (1996). Intoxicación por semillas de ricino. Atención Primaria 18(4): 203.

Fuentes, N., Sánchez, P., Pauchard, A., Urrutia, J., Cavieres, L. & A. Marticorena. (2014). Plantas invasoras del Centro-Sur de Chile: Una guía de campo. Laboratorio de Invasiones Biológicas (LIB), Concepción, Chile. http://www.lib.udec.cl

García-Franco, J.G. (1996). Distribución de epífitas vasculares en matorrales costeros de Veracruz, México. Acta Botánica Mexicana 37: 1-9.

García-Huidobro, C. (2005). Moneda dura. Gabriela Mistral por ella misma. Catalonia. 302.

Gianoli, E. & F. Carrasco-Urra. (2014). Leaf mimicry in a climbing plant protects against herbivory. Current Biology 24: 984-987.

González Cangas, Y. & M.E. González. (2006). Memoria y saber cotidiano. El florecimiento de la "quila" en el sur de Chile: De pericotes, ruinas y remedios. Revista Austral de Ciencias Sociales 10: 75-102.

Hamuy, M. y J. Maza. (2008). Supernovas. El explosivo final de una estrella. Ediciones B. 132.

Hanuš, L. O., Řezanka, T., Spízek, J. & V. Dembitsky. (2005). Substances isolated from Mandragora species. Phytochemistry 66: 2408-2417.

Jerez, J. (2017) Plantas mágicas-Guía etnobotánica de la región de Los Ríos. Ediciones Kultrún. Valdivia, Chile. 415.

Jürgens, A., Wee, S.L., Shuttleworth, A. & S.D. Johnson. (2013). Chemical mimicry of insect oviposition sites: a global analysis of convergence in angiosperms. Ecology Letters 16: 1157-1167.

Kuiter, R.H. (2017). Pollination of Caleana major (Orchidaceae) by Lophyrotoma spp (Hymenoptera: Pergidae). Aquatic Photographics, Seaford—Short Paper 8.

Lehmann, K.A. (1997). Opioids: overview on action, interaction and toxicity. Support Care Cancer 5: 439-444.

López, T.A., Cid, M.S. & M.L. Bianchini. (1999). Biochemistry of hemlock (Conium maculatum L.) alkaloids and their acute and chronic toxicity in livestock. A review. Toxicon 37: 841-865.

Madriñan, S. (2015). Una nueva especie de Puya (Bromeliaceae) de los páramos cercanos a Bogotá, Colombia. Revista de la Academia Colombiana de Ciencias Exactas, Físicas y Naturales 39: 389-398.

Medicamentos Herbarios tradicionales—103 especies vegetales. Ministerio de Salud, Chile. http://www.minsal.cl/mht

Missouri Botanical Garden. Plant Finder: Actaea pachypoda.
http://www.missouribotanicalgarden.org/PlantFinder/PlantFinderDetails.aspx?kempercode=h520

Morrison, T. (Ed.). (1998). Margaret Mee in search of the flowers of the Amazon Forests. Nonesuch Expeditions, England, UK. 302

Muñoz, A.A. & M.E. González. (2009). Patrones de regeneración arbórea en claros a una década de la floración y muerte masiva de Chusquea quila (Poaceae) en un remanente de bosque antiguo del valle central en el centro-sur de Chile. Revista Chilena de Historia Natural 82: 185-198.

NatureGate, portal de identificación de especies silvestres. Artículo sobre Hyoscyamus niger (Henbane).
http://www.luontoportti.com/suomi/en/kukkakasvit/henbane

NatureGate, portal de identificación de especies silvestres. Artículo sobre Pinguicula vulgaris (Grasilla).
http://www.luontoportti.com/suomi/es/kukkakasvit/grasilla

Noé, J.E. (2002). Ethnomedicine of the Cherokee: historical and current applications. Iwu and Wootton (eds.), Ethnomedicine and Drug Discovery. chap 10: 125-131.

Ocampo, J. (2007). Study of the genetic diversity of genus Passiflora L. (Passifloraceae) and its distribution in Colombia. Tesis de Doctorado, École Nationale Supérieure Agronomique de Montpellier, Montpellier SupAgro. 268.

Ossa, C.G. (2013). Estructura genética, especialización y ajustes recíprocos asociados en el holoparásito Tristerix aphyllus. Tesis de Doctorado, Facultad de Ciencias, Universidad de Chile. 101.

Paniw, P., Salguero-Gómez, R. & F. Ojeda. (2017). Apuntes ecológicos sobre Drosophyllum lusitanicum–Una especie singular de planta carnívora. Sociedad Gaditana de Historia Natural. El Corzo, Vol. V: 34-42.

Peng Z, Zhang C, Zhang Y, Hu T, Mu S, et al. (2013) Transcriptome sequencing and analysis of the fast growing shoots of Moso bamboo (Phyllostachys edulis). PLoS ONE 8(11): e78944. doi:10.1371/journal.pone.0078944

Pinto, R. (2005). Tillandsia del norte de Chile y del extremo sur de Perú. Ed. FlorAtacama. Iquique, Chile. 135.

Poppinga, S., Weisskopf, C., Westermeier, A.S., Masselter, T. & T. Speck. (2015). Fastest predators in the plant kingdom: Functional morphology and biomechanics of suction traps found in the largest genus of carnivorous plants. AoB Plants. 79. doi: 10.1093/aobpla/plv140

POWO (2019). Plants of the World Online. Facilitated by the Royal Botanic Gardens, Kew. http://www.plantsoftheworldonline.org

Prance, G.T. & J.R. Arias. (1975). A study of the floral biology of Victoria amazonica (Poepp.) Sowerby (Nymphaeaceae). Acta Amazonica 5: 109-139.

Rice, G. (2012). The flowering of Symplocarpus. The Plantsman 54-57.

Riedemann, P., Aldunate, G. & Teillier, S. Flora nativa de valor ornamental: Zona Norte. Santiago, Chile: Ediciones Chagual, 2006, 404.

Rodriguez, R., Marticorena, C., Alarcón, D., Baeza, C., Cavieres, L., Finot, V.L., Fuentes, N., Kiessling, A., Mihoc, M., Pauchard, A., Ruiz, E., Sánchez, P. & A. Marticorena. (2018). Catálogo de las plantas vasculares de Chile. Gayana Botánica 75: 1-430.

SAG, Servicio Agrícola y Ganadero, Gobierno de Chile. (2004). Informativo Fitosanitario N° 10. Vigilancia Fitosanitaria–División de Protección Agrícola. Orobanche ramosa L. https://www2.sag.gob.cl/agricola/vigilancia/informativo10.pdf

Sajeva, M. y E. Oddo. (2007). Water potential gradients between old and developing leaves in Lithops (Aizoaceae). Functional Plant Science and Biotechnology-Global Science Books: 366-368.

Schöner, M.G., Schöner, C.R., Simon, R., Grafe, T.U., Puechmaille, S.J., Ji, L.L. & G. Kerth. (2015). Bats are acoustically attracted to mutualistic carnivorous plants. Current Biology 25: 1911-1916.

Sheridan, P.M. What Is the Identity of the West Gulf Coast Pitcher Plant, Sarracenia alata Wood.
http://www.pitcherplant.org/Papers/What-Is-the-Identity-of-the-West-Gulf-Coast-Pitcher-Plant-Sarracenia-alata-Wood.html

Vadillo, G., Suni, M. & A. Cano. (2004). Viabilidad y germinación de semillas de Puya raimondii Harms (Bromeliaceae). Revista Peruana de Biología 11: 71-78.

Van Buren, R., Man Wai, C., Ou, S., Pardo, J., Bryant, D., Jiang, N., Mockler, T.C., Edger, P. & T.P. Michael. (2018). Extreme haplotype variation in the desiccation-tolerant clubmoss Selaginella lepidophylla. Nature Communications 9: 1-8.

Veller, C., Nowak, M.A. & C.C. Davis. (2015). Extended flowering intervals of bamboos evolved by discrete multiplication. Ecology Letters 1-7.

Venero J.L. (2013). Nuevo evento de floración de Puya raimondii Harms en Pampacorral, Lares, Calca (Región Cusco, Perú). Chloris chilensis 16(2).

Vibrans, H. (ed.). (2009). Malezas de México, Ficha–Digitalis purpurea L.
http://www.conabio.gob.mx/malezasdemexico/scrophulariaceae/digitalis-purpurea/fichas/ficha.htm#9.%20Referencias

Vibrans, H. (ed.). (2009). Malezas de México, Ficha–Ricinus communis L.
http://www.conabio.gob.mx/malezasdemexico/euphorbiaceae/ricinus-communis/fichas/ficha.htm

Zizka, G., Schneider, J.V., Schulte, K. & P. Novoa. Taxonomic revision of the Chilean Puya species (Puyoideae, Bromeliaceae), with special notes on the Puya alpestris-Puya berteroniana species complex. Brittonia 65: 387-407. 136 137

감사의 말

이 자연 여행은 우리의 꿈을 함께 해 준 미겔 라고스,
마티아스 아와드, 그리고 칠레 건설 회의소 문화 공사
덕분에 가능했습니다.
또한 관대함을 보여 준 로라 피사로와 우리 안에 있는
자연의 기적을 가꾸는 법을 가르쳐 준 여성들과
우리의 발견에 동행해 준 벤자민 모레노, 안드레 나자르,
루치아노 아추라에게 감사드립니다.

CORPORACIÓN
CULTURAL
CChC
CÁMARA CHILENA DE LA CONSTRUCCIÓN

일러두기
- 이 책에 실린 식물의 한글 이름은 국가생물종목록과 국가표준식물목록, 그리고
  일반적으로 널리 쓰이는 이름을 참고하였습니다. 부득이한 경우, 식물이 속한 속명을
  이름 대신 쓰거나 학명을 소리 나는 대로 적었습니다.
- 이 책에 실린 모든 식물 그림은 아르쉬 수채화지 300g에 100% 수채화로 그렸습니다.